U0214968

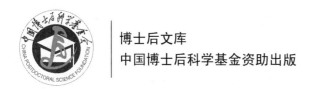

博士后文库
中国博士后科学基金资助出版

地质构造及其演化对煤与瓦斯突出的控制

韩 军 著

国家自然科学基金(51104085)
中国博士后科学基金项目(20100471000)
国家重点基础研究发展计划(973 计划)项目(2005CB221501)

科学出版社

北 京

内 容 简 介

地质构造和煤与瓦斯突出的关系一直以来是进行煤与瓦斯突出发生机制、预测和防治研究的重要内容。本书从多级别、多尺度对地质构造和煤与瓦斯突出的关系进行了综合研究，分析了煤与瓦斯突出矿区/井田的地质动力学状态、地质构造特征控制煤与瓦斯突出的作用机制。以板块学说为基础，以聚煤盆地构造演化过程为切入点，分析了煤与瓦斯突出区域在构造演化过程中构造发育、瓦斯运移与赋存、煤体结构、应力状态的演化特征，阐明了煤与瓦斯突出的空间分布特征及其内在的地质构造控制机制。基于地质动力区划理论和方法确定了中国一级活动断块，确定了煤与瓦斯突出矿井的构造背景和地质动力学条件。

本书可供采矿工程、地质工程和岩石力学与工程领域的研究人员、工程技术人员及高等院校师生参考。

审图号：GS（2018）6150 号

图书在版编目（CIP）数据

地质构造及其演化对煤与瓦斯突出的控制/韩军著. —北京：科学出版社，2019

（博士后文库）

ISBN 978-7-03-058114-3

Ⅰ. ①地… Ⅱ. ①韩… Ⅲ. ①煤突出-地质作用 ②瓦斯突出-地质作用 Ⅳ. ①TD713

中国版本图书馆CIP数据核字（2018）第134693号

责任编辑：李 雪 刘翠娜 / 责任校对：彭 涛
责任印制：师艳茹 / 封面设计：陈 敬

科 学 出 版 社出版

北京东黄城根北街 16 号
邮政编码：100717
http://www.sciencep.com

中国科学院印刷厂 印刷
科学出版社发行 各地新华书店经销

*

2019 年 2 月第 一 版 开本：720×1000 1/16
2019 年 2 月第一次印刷 印张：10 1/2
字数：200 000

定价：98.00 元
（如有印装质量问题，我社负责调换）

《博士后文库》序言

1985年，在李政道先生的倡议和邓小平同志的亲自关怀下，我国建立了博士后制度，同时设立了博士后科学基金。30多年来，在党和国家的高度重视下，在社会各方面的关心和支持下，博士后制度为我国培养了一大批青年高层次创新人才。在这一过程中，博士后科学基金发挥了不可替代的独特作用。

博士后科学基金是中国特色博士后制度的重要组成部分，专门用于资助博士后研究人员开展创新探索。博士后科学基金的资助，对正处于独立科研生涯起步阶段的博士后研究人员来说，适逢其时，有利于培养他们独立的科研人格、在选题方面的竞争意识以及负责的精神，是他们独立从事科研工作的"第一桶金"。尽管博士后科学基金资助金额不大，但对博士后青年创新人才的培养和激励作用不可估量。四两拨千斤，博士后科学基金有效地推动了博士后研究人员迅速成长为高水平的研究人才，"小基金发挥了大作用"。

在博士后科学基金的资助下，博士后研究人员的优秀学术成果不断涌现。2013年，为提高博士后科学基金的资助效益，中国博士后科学基金会联合科学出版社开展了博士后优秀学术专著出版资助工作，通过专家评审遴选出优秀的博士后学术著作，收入《博士后文库》，由博士后科学基金资助、科学出版社出版。我们希望，借此打造专属于博士后学术创新的旗舰图书品牌，激励博士后研究人员潜心科研，扎实治学，提升博士后优秀学术成果的社会影响力。

2015年，国务院办公厅印发了《关于改革完善博士后制度的意见》（国办发〔2015〕87号），将"实施自然科学、人文社会科学优秀博士后论著出版支持计划"作为"十三五"期间博士后工作的重要内容和提升博士后研究人员培养质量的重要手段，这更加凸显了出版资助工作的意义。我相信，我们提供的这个出版资助平台将对博士后研究人员激发创新智慧、凝聚创新力量发挥独特的作用，促使博士后研究人员的创新成果更好地服务于创新驱动发展战略和创新型国家的建设。

祝愿广大博士后研究人员在博士后科学基金的资助下早日成长为栋梁之才，为实现中华民族伟大复兴的中国梦做出更大的贡献。

中国博士后科学基金会理事长

前　言

　　煤与瓦斯突出是煤矿最为严重的动力灾害之一。世界上主要采煤国家都曾有煤与瓦斯突出发生，其中以中国和苏联最为严重。我国区域大地构造的主要特点之一是由众多小陆块经多旋回演化拼合而成的，总体上表现为稳定性差、活动性强。因此，我国煤田地质条件复杂、煤层赋存条件差、瓦斯灾害十分严重。据不完全统计，有记录以来，我国发生煤与瓦斯突出次数达 14300 余次，2011~2016 年发生较大以上瓦斯事故 197 起，死亡 1667 人，占全国煤矿较大以上事故次数和死亡人数的 50.3%和 58.8%。瓦斯灾害直接妨碍了煤矿的正常生产，阻滞了煤炭工业的持续、健康和稳定发展，加强瓦斯灾害的防治是确保煤炭资源安全、高效开发的重要前提和途径。

　　自 1834 年发生首次煤与瓦斯突出以来，大量学者、工程技术人员从不同的角度进行了广泛研究。地质构造和煤与瓦斯突出的关系是被最早认识的，也是研究的最为广泛和深入的内容之一。从早期的简单地质构造的几何描述，到后来的利用多种手段综合研究构造的应力、变形及构造的形成和演化机制等，以及近代数学、力学理论的应用，使得地质构造和煤与瓦斯突出关系的认识从宏观、介观及微观尺度不断得到深化，相关研究成果丰富了构造地质学、瓦斯地质学、地质力学、瓦斯动力学、流体力学、岩石力学等学科的内涵，也对煤与瓦斯突出的预测和防治工作起到了重要的指导和促进作用。尽管如此，由于不同区域构造条件纷繁复杂，针对某一小区域的研究成果难以进行广泛的推广和应用，从而也制约了煤矿安全状况的改进。

　　本书围绕煤与瓦斯突出矿区/井田的地质构造及其形成机制、煤与瓦斯突出矿区/井田的地质动力状态两个方面研究不同层次的地质构造及其演化对煤体结构和力学性质、瓦斯运移和赋存等的作用，阐明地质构造对煤与瓦斯突出的作用机制，在此基础上进行煤与瓦斯突出的预测。书中重点对活动断裂、褶皱构造和推覆构造的动力学效应及其与应力状态、煤体结构和瓦斯赋存之间的关系，从宏观和细观的角度形成系统的关于地质构造对煤与瓦斯突出的内在作用机制研究成果；提出我国不同聚煤区煤与瓦斯突出的构造演化控制机制和模式，研究成果为煤与瓦斯突出灾害预测提供了基础。

　　本书的出版，首先要感谢我的导师张宏伟教授。张老师是我走入地质动力区划研究领域的领路人，他为我找到了一个很好的切入点，帮助我很快深入这个领域，让我能结合先前的地质工程专业背景，在与采矿工程专业交叉领域上发挥自己的专业特长。感谢我的博士后合作导师梁冰教授，在三年的博士后工作中，梁老师引导我从力学的角度去更系统地思考地质构造和煤与瓦斯突出的相关问题，使得我的研究内容更加深入。感谢王宇林教授对书稿进行的审阅及提出的有价值的修改意见。

本书的研究工作得到了国家自然科学基金(51104085)、中国博士后科学基金项目(20100471000)和国家重点基础研究发展计划(973 计划)项目(2005CB221501)的资助。

由于作者水平有限，书中不妥之处，欢迎读者批评指正。

韩 军

2018 年 9 月

目　录

第1章 绪 论

煤与瓦斯突出是煤矿最为严重的动力灾害之一。它能在瞬间由煤体向巷道或采场喷出大量的瓦斯、碎煤和煤粉，在煤体中形成特殊形状的孔洞，具有明显的动力效应，如破坏支架、推倒矿车、损坏和抛出安装在巷道内的设施。喷出的瓦斯量经常超过煤体的瓦斯含量，有时甚至使风流逆转，引发瓦斯爆炸事故。

世界上第一次有记载的煤与瓦斯突出发生于 1834 年的法国鲁阿雷煤田伊萨克矿井。此后相继在中国、法国、苏联、波兰、日本、匈牙利、比利时、美国、德国、澳大利亚等 20 多个国家发生煤与瓦斯突出，其中以中国和苏联最为严重。据不完全统计，我国发生煤与瓦斯突出次数已达 14300 余次[1]，最严重的一次为天府矿区三汇一矿，突出煤 12780t，涌出瓦斯 1400000m³。法国于 1879～1989 年共发生煤与瓦斯突出 6800 多次，最大突出强度为 5600t 煤，突出的瓦斯类型为 CO_2、CH_4 及其混合气体[2]。苏联于 1960～1983 年共发生突出 3463 次，突出次数多而且强度大，顿巴斯煤田加加林煤矿发生了世界上最大的一次煤与瓦斯突出，突出煤 14000t，涌出瓦斯 250000m³[3]。日本、波兰等也是煤与瓦斯突出灾害较为严重的国家。

我国区域大地构造的主要特点之一是由众多小陆块经多旋回演化拼合而成的，总体上表现为稳定性差、活动性强。由此造成了我国煤田地质条件复杂，煤层赋存条件差，矿井动力灾害特别是瓦斯灾害十分严重。从矿井数量上分析，全国煤矿高瓦斯矿井 4462 座，煤与瓦斯突出矿井 911 座。在国有重点煤矿中，高瓦斯矿井和煤与瓦斯突出矿井所占比例分别达 21%和 21.3%，合计为 42.3%。其中 45 户安全重点监控企业中，有高瓦斯、突出矿井 250 座，所占比例达 60.2%[4]。截至 2015 年年底，全国煤矿有 9598 处，其中，9 万 t/a 及以下小型煤矿 4364 处，数量占 45.5%，大多数小型煤矿安全条件差、装备简陋，从业人员安全素质和专业技能低，尤其是高瓦斯和煤与瓦斯突出等灾害严重的小型煤矿，基本不具备灾害防治能力[5]。近几年的经济快速发展对煤炭的需求迅速增加，矿井加速向深部延伸，目前全国井工煤矿平均开采深度接近 500m，开采深度超过 800m 的矿井达到 200 余处，千米深井达到 47 处[6]。随着开采深度的增加，地应力、瓦斯含量和压力增大，煤层透气性降低，瓦斯抽采难度进一步加大。技术水平、人员素质和管理水平等极不均衡的煤炭工业在自然条件恶化、产量需求激增的条件下，瓦斯灾害事故接连不断地发生，甚至越来越严重。据统计，2011～2016 年发生较大以上瓦斯事故 197 起、死亡 1666 人，占全国煤矿较大以上事故次数和死亡人数的

50.3%和58.8%，且这一比例呈逐渐增多的趋势(表1-1)，2016年较大以上瓦斯事故次数和死亡人数分别占全国煤矿较大以上事故次数和死亡人数的72.7%和83.0%。煤与瓦斯突出事故次数和死亡人数分别占较大瓦斯事故次数和死亡人数的36.0%和32.1%[7]。瓦斯灾害直接妨碍了煤矿正常生产，阻滞了煤炭工业的健康、稳定和持续发展，加强瓦斯灾害的防治是确保煤炭能源稳定、可靠供应，促进国民经济全面、健康发展，创建和谐社会的重要保证。

表 1-1　2011～2016 年全国煤矿较大以上事故按事故类别统计[7]

事故类别	2011 年		2012 年		2013 年		2014 年		2015 年		2016 年	
	事故次数	死亡人数	事故次数	死亡人数	事故次数	死亡人数	事故次数	死亡人数	事故次数	死亡人数	事故次数	死亡人数
瓦斯	55	440	36	303	33	330	30	242	23	136	20	215
顶板	15	60	16	66	8	30	16	86	5	19	5	28
水害	22	163	13	107	14	26	9	66	9	59	5	28
火灾	2	32	3	24	1	13	1	4	1	22	1	12
机电	0	0	1	3	0	0	0	0	0	0	0	0
运输	9	40	7	56	3	13	3	20	2	6	2	6
放炮	0	0	0	0	0	0	1	3	0	0	0	0
其他	3	27	11	65	5	26	2	7	0	0	0	0
合计	106	762	87	624	64	438	62	428	40	242	33	289

2013 年 10 月，在韩国大邱召开的第 22 届世界能源大会的报告中指出："到 2050 年，化石能源仍然是世界能源构成的基础，煤炭仍将长期发挥重要作用。"尽管新能源得到很大发展，但世界能源格局在未来 30 多年中，煤炭依然是主角之一。我国是世界上最大的煤炭生产国和消费国，煤炭资源量占国内化石能源总量的 95%。煤炭工业是我国的基础产业，其健康、稳定、持续发展是关系到国家能源安全的重大问题，在国家《能源中长期发展规划纲要(2004～2020 年)》中已经确定，中国将"坚持以煤炭为主体、电力为中心、油气和新能源全面发展的能源战略"[8]。《中国能源中长期(2030、2050)发展战略研究：综合卷》中指出，我国煤炭年需求高达 38 亿 t，在能源结构比例中占 50%以上，且在今后相当长的时间内不会发生明显改变[9]。《中国煤炭清洁高效可持续开发利用战略研究》中预计到 2030 年，中国煤炭消费仍会占一次能源消费总量的 55%以上[10]。我国 95%的煤矿是地下开采，构造煤普遍发育，瓦斯赋存复杂，受煤层地质赋存条件、煤炭产量和采深不断增加等因素的制约，煤矿灾害严重。瓦斯灾害是当前困扰煤矿安全生产的主要难题，探寻解决煤矿安全生产中瓦斯灾害事故的途径与方法，保障煤矿

安全生产，是当前煤矿安全生产的重点和关键。

尽管近年我国安全生产总体水平有所提高，煤矿瓦斯治理取得进展，安全生产状况得到了进一步改善，但是煤矿瓦斯事故仍未得到有效遏制，原因之一是目前对于煤与瓦斯突出基础理论研究相对滞后于煤矿安全的现实需要，煤矿安全科学技术研究主要集中在瓦斯灾害的防治措施方面，对瓦斯灾害事故的发生和发展机理研究不够。深入认识煤与瓦斯突出发生的规律、特征和机理，是实现煤与瓦斯突出预测、检测和解危工作的前提和基础，也一直是矿山安全领域中的关键难题和重大研究课题。

1.1　国外研究现状

1) 早期研究阶段(1852~1950 年)

Taylor[11]于 1852~1853 年根据在英格兰的诺森伯兰郡和达拉莫进行煤层气勘查遇到的煤与瓦斯突出现象详细说明了突出的条件，包括地质构造、岩墙、煤的结构的变化、渗透性，以及高压瓦斯的存在。在此基础上，Taylor 提出了煤与瓦斯突出的"瓦斯包"理论模型。Halbaum 于 1899~1900 年提出瓦斯压力控制突出的理论，其核心是煤体中高的孔隙瓦斯压力和高的瓦斯压力梯度，煤体在地质扰动下的各向异性、工作面掘进方向、煤的孔隙率及解吸的难易程度。Halbaum[12]几乎提到了所有影响突出的因素，除了岩体应力和矿山压力。Telfer[13]提出了断裂带附近存在"瓦斯包"的认识，他认为地壳运动的不均匀性形成了"瓦斯包体"。Loiret 和 Laligant[14]认为突出受到构造扰动的影响，与构造扰动带位置密切相关。Pescod[15]认为突出是地质体的扰动造成的，指出高煤级的无烟煤拥有更好的瓦斯吸附能力，以及在应力作用下发生显著的瓦斯放散的能力，并认为存储于围岩及煤体中的弹性能对瓦斯的放散有影响。

早期的关于地质构造和煤与瓦斯突出关系的研究着重于突出现场地质构造情况的描述，认为地质构造对煤体造成了扰动，但没有具体说明地质构造扰动的机制和结果。由于早期的煤与瓦斯突出的机理着重强调单个因素的作用，因此对于地质构造在突出中的作用也往往从构造对某个因素的影响进行分析。

2) 近代研究阶段(1950 年至今)

Ettinger 等[16]明确指出，影响煤与瓦斯突出的三个重要的因素之一便是地质构造。Hargraves[17]提出了发生煤与瓦斯突出必须满足的指标，包括一定数量的瓦斯、局部断裂或煤体的碎裂、残余应力或构造应力、煤层的形态变化、岩墙、煤体的低湿度和低渗透性、不利于瓦斯释放的作业方式。Hargraves[18]于 1983 年指出，突出倾向性取决于煤级和瓦斯的组成，突出的地点取决于煤层赋存深度、地质构造、火成岩、煤体结构及其他影响煤体的几何、物理、化学等非均匀的因素。Price[19]强调应力和地质构造的作用，他认为煤层中的瓦斯压力是突出的主要机制，瓦斯在一些掘进巷道中发生的突出中发挥了重要的作用。Szirtes[20]提出了"应力集中理论"，指出巷道掘进中发生的突出较为频繁、强度中等，与地质构造扰动有关。Pooley[21]在南威尔士煤矿观察到具有突出倾向的煤系或煤层表现为强度低、无几何结构特征，他认为这是构造历史作用的结果。矶部俊郎[22]认为突出是地应力和瓦斯压力作用的结果，地应力使得煤体中的强度缺陷处形成破坏区，而后此区内的吸附瓦斯由于煤破坏时释放的弹性能供给热量而解吸，从而使煤的内摩擦力降低，变成易流动状态。当这种粉碎的煤瓦斯流喷射出来时，便形成了突出。巴利维列夫、马柯贡和克留金等认为突出是在某些地质构造活动区一定的温度压力下以介稳状态保存在煤层和岩石渗透裂隙内的具有巨大潜能的瓦斯水化物($CH_4 \cdot 6H_2O$)受到采掘影响后迅速分解，形成高压瓦斯破坏煤体的结果[23]。Кравцов和Вольпова[24]根据顿巴斯煤田煤与瓦斯突出实例的统计分析得出，煤层构造揉皱系数达 0.86 以上时具有十分高的突出危险性。氏平增之[25]分析了日本石狩煤田各矿井的地质条件和煤与瓦斯突出的关系，指出断层出现度与瓦斯突出的相关系数为 0.960。兵库信一郎[26]指出日本煤矿的突出主要是在巷道接近地质破坏带时发生的，而地质破坏带是断层、褶皱、火成岩侵入而造成的。Öwing[27]指出如果一个煤层的瓦斯含量超过临界极限值9m³/t，则所有的地质构造受到破坏的范围全部是潜在的瓦斯突出地点，同时也指出突出可发生在逆掩断层、正断层和具有剪切断层特性的断裂处，断裂处的煤中所存储的瓦斯不会多于未断裂处，但是前者释放瓦斯要快很多。Батугина和Петухов[28]指出矿井动力根据其地点和时间的不均匀性取决于地壳的现代运动，提出了基于板块构造学说的地质动力区划理论和方法用以进行煤与瓦斯突出等矿井动力灾害的预测。矢野贞三等[29]认为突出是地质构造应力、火山与岩浆活动的热力变形应力、自重应力、采掘压力和放顶动压叠加而引起的，突出危险煤层具有特殊的"分枝性裂隙"的显微结构。Williams和Rogis[30]根据 CO_2 突出的情况，强调煤级与地质特性，提出以下发生突出所必需的条件：①镜质组反射率大于 2；②逆断层逆冲距离大于 3m，走滑断层的走滑距离大于 0.3m；③瓦斯放散值大于 1.1cm³/g。他们针对浅部(215～265m)突出提出了以下 3 个条件：①高煤级、高变质梯度；②地层的高构造变形程度；③火成岩侵入。扎比盖洛和左德[31]对顿巴斯煤层突出的地质条件研究表明，突出的分布受地质因素控制，具不均匀分布的规律性，突出与构造复杂程度、煤层围岩性质、煤变质程度有关，并提出了确定煤层突出危险性的地质指标。Shepherd 等[32]对地质构造与煤和瓦斯突出分布的关系也做了广泛的研究，对发生突出点的构造性质及其影响突出的原因进行了深入的探讨。Josien 和 Revalor[33]认为突出必须满足的 3 个条件之一是有结构变形或地质构造引起的非正常地应力的存在。Creedy[34]提出在煤系中地质构造对瓦斯的赋存状态和分布情况的影响起主导作用，建议加强地质构造的演化与瓦斯地质规律的研究。Lama[35]将煤矿中的动力现象分为 4 类，分别是：①低应力+低瓦斯，指地质构造和软煤发育的情况下的突出；②高应力+低瓦斯，指应力控制下的突出，不一定有明显的构造出现；③低应力+高瓦斯，指火成岩墙和压剪构造下的突出；④高应力+高瓦斯，发生类似"香槟瓶"效应的突出。Bibles 等[36]在研究全球范围的瓦斯涌出现象时，指出矿区构造运动不仅影响煤层瓦斯的生成条件，而且影响瓦斯的保存条件。Frodsham 和 Gayer[37]认为地质构造对煤层的影响是在构造挤压、剪切作用下，煤层结构遭受破坏，形成发育广泛的构造煤，为瓦斯的富集提供了载体。

煤与瓦斯突出机理的多因素综合作用假说的提出，使得地质构造与煤与瓦斯突出关系的研究在地质构造与瓦斯的赋存和运移、地质构造与地应力、地质构造与煤体结构变形等方面得到了深化，认识到了煤与瓦斯突出的区域性分布受到地质构造的控制，许多学者认为地质构造是煤与瓦斯突出发生的重要甚至必要条件之一，部分学者提出了一些发生突出的地质构造评价的半定量-定量化指标。

1.2 国内研究现状

早期研究主要集中于地质构造对瓦斯含量的影响和控制作用。周世宁院士首先于 1963 年提出了影响煤层原始瓦斯含量的 8 项地质因素，成为瓦斯地质科学研究的基础[38]。杨力生在焦作矿务局焦西矿跟踪掘进巷道瓦斯变化规律时，发现瓦斯突出与断层有密切关系[39]。中国矿业学院瓦斯组在《煤和瓦斯突出的防治》一书中对影响瓦斯突出的地质因素进行了分析[40]。

20 世纪 80 年代以来我国广泛开展了地质构造与构造煤形成机制、分布特征及其在煤与瓦斯突出中的作用方面的研究。原焦作矿业学院开展了瓦斯地质调查和瓦斯地质编图工作，查明了煤矿瓦斯灾害分布的主要控制因素，证实了不同尺度的构造，通过对构造软煤的发育控制来控制瓦斯突出的分布规律[41]。袁崇孚[42]指出在具有煤与瓦斯突出的矿井煤结构的破坏是煤层在构造应力作用下形变的产物。彭立世和陈凯德[43,44]指出地质构造在煤与瓦斯突出中的作用主要是形成了构造煤，降低了煤的强度，并认为古构造应力是一个结束了的过程。曹运兴、彭立世等[45,46]指出顺煤层断层所产生的构造煤是瓦斯高聚集区，也是瓦斯突出的危险区，按成因将顺煤断层划分为 3 种基本类型：褶皱型、重力滑动型和转换型，指出在高瓦斯矿区，顺煤断层发育的煤层和地带是瓦斯突出煤层或突出带，它通过控制构造煤的分布控制瓦斯突出带。康继武和杨文朝[47]根据对平顶山东矿区煤层中构造群落宏观特征的研究，指出突出煤层经历了构造重建，认为不同构造群落的叠加与复合控制着构造煤的类型及其分布。张子敏等[48-50]指出华南板块处在中国四大构造域复合、联合作用最集中的位置，使其在印支、燕山、喜马拉雅运动中所经受的挤压作用更加剧烈，时间更长，普遍发育构造煤，煤层瓦斯透气性低，瓦斯保存条件比华北聚煤盆地优越，是造成华南聚煤盆地高瓦斯矿井和突出矿井多、煤与瓦斯突出严重的主要原因。刘咸卫和曹运兴[51]对正断层两盘瓦斯突出发生的规律和机理进行了研究，指出突出主要发生在正断层的上盘，导致这一结果的主要原因是突出煤体主要分布于正断层的下降盘，断层构造、构造煤分布及其与瓦斯突出的这种相互控制作用是地史上和现今构造应力场长期作用的结果。琚宜文等[52,53]指出复杂地质条件下煤层受层间滑动作用容易发生流变，煤层流变引起的厚度变化和煤体结构的破坏是造成煤矿瓦斯突出的主要因素，并进一步总结了煤层断层与层滑构造的组合型式，探讨了其形成机制。刘明举等[54]提出了地质构造是通过控制构造软煤的分布进而控制突出区带分布的观点，并初步确定煤层突出危险性预测的构造软煤临界值指标。王志荣、徐刚等[55,56]对豫西芦店重力滑动构造进行分析，阐述了瓦斯地质灾害的构造控制作用。韩军等指出，逆冲推覆和重力滑覆的共性特征是存在一个以相对低的强度和高的剪切应变为特征的滑脱面或拆离层，分隔着其上下力学性质和应变特征不同的两盘。推覆构造对煤与瓦斯突出的作用机制主要表现在两个方面：①推覆构造形成过程中低角度滑动对煤体产生广泛的压剪作用，使得煤层作为相对软弱层面结构发生广泛的层域破坏和面域破坏，构造煤非常发育；②推覆构造的挤压应力环境及地层增厚效应为瓦斯赋存提供了有利条件，低角度的主滑断裂面(大多为逆断层或逆掩断层)往往构成较好的瓦斯封闭系统，对瓦斯的赋存起一定的控制作用，推覆构造派生的具有压性特征的结构面形成了对煤层瓦斯系统的封闭作用[57]。

一些学者对地质构造的应力状态及其和煤与瓦斯突出的关系进行了分析。谭学术等[58]通过褶皱构造的光弹实验指出在具有煤和瓦斯突出危险的褶皱构造中，向斜轴部煤系的中、上部突出的可能性较大，其翼部也是可能突出的部位，背斜的轴部和翼部突出的可能性相对小些。徐凤银[59]对煤与瓦斯突出矿区的古构造应力场进行了定量化研究，指出古构造应力场对芙蓉矿区煤与瓦斯突出起主控作用。王恩营[60]用力学分析的方法研究了正断层形成的两种应力状态，指出正断层具有张性和剪性两种力学性质，并以剪性为主；构造应力场的空间作用状态是影响断层性质的决定因素。韩军等[61]对开滦矿区的研究表明，开滦矿区构造应力场的挤压作用使得向斜轴部煤层表现出高瓦斯、低渗透性特征，加之构造作用造成的煤体强度的降低，因此向斜轴部具有更大的煤与瓦斯突出危险性，而处于向斜翼部的矿井，由于构造应力相对较弱，煤体渗透性相对较高，瓦斯含量较低，不具备煤与瓦斯突出的条件。张浪和刘永茜[62]的研究表明，在断层附近发生煤与瓦斯突出，依据断层结构参数和应力场差异，瓦斯压力存在极值条件，结合构造煤分布及瓦斯压力与正应力关系将其分为两大模式：流压控制型(FPC)和流-固耦合型(FSC)。张春华、高魁等通过物理模拟研究表明,在石门揭煤过程中巷道前方围岩存在明显的应力集中,发现断层附近存在明显的构造应力异常区并与由后期开挖导致的应力集中相互叠加,有利于形成自构造软煤向周围煤层深部扩展的大型突出[63,64]。

大量学者基于煤与瓦斯突出的多因素假说,从地质构造对地应力、瓦斯参数和煤体结构等因素的控制作用来解释煤与瓦斯突出的发生机制。于不凡[65]基于大量地质构造和煤与瓦斯突出关系的实例分析,认为在煤与瓦斯突出地点地应力、瓦斯压力、煤体结构和煤质是不均匀的。梁金火[66]认为矿区地质构造对煤与瓦斯突出的控制通过对地应力的分布、瓦斯的保存及软分层的发育而表现出来,分析了压性和张性构造等对突出的控制作用。黄德生[67]指出构造的规模和形态不同,对瓦斯突出的控制作用不同,大型构造是控制瓦斯突出及赋存的区域性构造,中型构造则是带状控制,小型和微型构造常是局部点的控制。王生全等[68]就南桐矿区扭褶构造的展布规律及其对煤与瓦斯突出的控制进行了研究,指出扭褶构造带是煤与瓦斯突出集中带。郭德勇和韩德馨[69,70]将地质构造控制突出分布归结为 4 种作用类型,将地质构造分为突出构造和非突出构造及突出构造的突出段和非突出段,提出了由构造组合特征、构造应力场、构造煤和煤层瓦斯四因素组成构造物理环境综合作用控制地质构造带煤与瓦斯突出的观点。王生全等[71]利用纵弯褶皱变形中和面上下岩层的不同应力与应变特点,分析了处于褶皱中和面上下各煤层在背斜与向斜部位煤层厚度、煤层构造、煤体结构及煤层瓦斯的赋存规律与差异性。韩军等的研究表明,向斜构造的两翼与轴部中性层以上为高压区,中性层以下为相对低压区,距向斜轴部越近,主应力及其梯度越大。向斜构造形成过程中的层间滑动造成煤体原生结构遭到破坏,煤体强度降低,煤层增厚。向斜构造部位瓦斯生成量亦相对较高,同时中性层以上煤(岩)体中的裂隙和孔隙被压密、压实而闭合,阻止了下部瓦斯的向上逸散,中性层以下的张性作用下的断裂或折裂面、煤体中的割理、节理等降低了解吸压力,形成良好的瓦斯聚集空间,也有助于煤层中吸附瓦斯的解吸,使得向斜轴部瓦斯含量较高,向斜构造同时具备的高地应力、高瓦斯压力(含量)和构造煤发育 3 个因素是其发生煤与瓦斯突出的主要原因。闫江伟从地应力、构造煤和煤层瓦斯 3 个因素及构造控制出发,研究了地质构造对平顶山矿区煤与瓦斯突出的主控作用,提出了矿区煤与瓦斯突出地质构造控制类型[72]。

基于地质构造的煤与瓦斯突出预测方面也得到了广泛的研究。李火银[73]利用剖面变形系数法和平面变形系数法对以褶皱构造为主要构造型式的突出矿井进行了突出危险性预测。张宏伟等应用地质动力区划方法划分了煤与瓦斯突出矿区的活动构造,分析了地质构造和岩体应力状态对煤与瓦斯突出的影响,指出构造应力和地质构造形式对煤与瓦斯突出具有控制作用,并指出地壳内的各种地质构造现象、煤与瓦斯突出等矿井动力现象都与岩体应力作用密切相关，要提高预测矿井动力现象的准确性，从根本上说取决于对构造应力场的研究水平，提出了"不同矿区、不同煤层、不同构造条件下煤与瓦斯突出具有不同的模式"，建立了考虑地质构造和岩体应力状态等多种因素的煤与瓦斯突出预测的多因素模式识别方法[74-80]。王宏图等[81]指出地质构造和煤的变形程度是影响瓦斯涌出和动力现象发生的主要因素，在煤岩层发生弧形弯曲和落差较大的走向逆断层附近是动力现象发生的危险区段。刘明举、何俊等利用分形数学方法对煤田地质中的褶曲、断裂构造进行了定量化分析，以构造分维值等为指标进行煤与瓦斯突出的预测[82-85]。姜波等[86]从煤变形构造-地球化学研究的角度揭示了挤压构造背景下逆冲推覆构造对不同类型构造煤微量元素迁移聚集的控制作用，并将微量元素分为显著分异和阶段分异两种类型，建立了应力敏感元素指标体系。

随着地质构造和煤与瓦斯突出关系研究的深入，越来越多的学者从地质构造演化的角度研究煤与瓦斯突出相关因素的形成及发展过程。朱兴珊等以南桐矿区为例，从构造和构造应力场演化的角度分析了煤变质程度、煤体破坏程度和瓦斯含量的分布特征，指出构造应力场演化对煤与瓦斯突出具有主控作用[87,88]。张子敏等[50,89,90]研究了平顶山、淮北宿县、新密等矿区的大地构造演化特征，分析了构造演化过程中瓦斯、构造煤等的赋存和演变。韩军等[91,92]在分析中国煤与瓦斯突出空间分布特征的基础上，以区域构造演化为主线，从动态的、历史的角度分析了东北、华北和华南聚煤区构造演化过程，以及构造发育、瓦斯赋存、煤体结构、应力状态的演化特征，阐明了构造演化对煤与瓦斯突出的控制作用，探讨了东北聚煤区、华北聚煤区和华南聚煤区的煤与瓦斯突出的一般模式。张子敏和吴吟[93]总结了瓦斯赋存地质构造逐级控制理论与技术路线，指出只有运用区域地质构造演化理论和瓦斯赋存地质构造逐级控制理论，才能厘清不同级别的挤压剪切构造和拉张裂陷构造，以及瓦斯富集区、突出煤层、突出矿井、煤与瓦斯突出危险区的分布。姜波等[94]提出了以构造演化为主线的瓦斯突出构造动力学预测方法与思路，强调在深入剖析瓦斯生成、运聚演化的动力学过程的基础上，深入研究构造煤发育对瓦斯分布非均质性的控制作用，揭示瓦斯分布与聚集的构造动力学机制。

1.3　地质构造与瓦斯灾害研究存在的问题

自1834年发生首次煤与瓦斯突出以来，大量学者、工程技术人员从不同的角度对煤与瓦斯突出进行了广泛的研究。地质构造和煤与瓦斯突出的关系是被最早认识的，也是研究的最为广泛和深入的内容之一。从早期的简单地质构造的几何描述，到后来的利用多种手段综合研究构造的应力、变形及构造的形成和演化机制等,以及近代数学、力学理论的应用,使得地质构造和煤与瓦斯突出的关系的认识从宏观、介观及微观尺度不断得到深化,相关研究成果丰富了构造地质学、瓦斯地质学、地质力学、瓦斯动力学、流体力学、岩石力学等学科的内涵,也对煤与瓦斯突出的预测和防治工作起到了重要的指导和促进作用。尽管如此,由于不同区域构造条件纷繁复杂,针对某一小区域的研究成果难以进行广泛的推广和应用,从而也制约了煤矿安全状况的改进。地质构造和煤与瓦斯突出的关系及其作用机制是一个涉及地质动力学、构造地质学、岩体力学、渗流力学、地球物理学等多学科领域的复杂的科学问题。对地质构造和煤与瓦斯突出的关系的认识仍存在以下问题。

(1)注重局部地质构造研究,忽视区域地质构造及其形成机制和相应的动力学研究。

(2)注重构造对某一个因素的作用进行研究,忽视构造对应力、煤岩体力学特性、物理相态的影响和作用,忽视在地质构造作用下,多种因素对煤与瓦斯突出的综合影响研究。

(3)注重地质构造的几何形态和力学机制的研究,忽视地质构造的动力学研究。

(4)忽视从地质构造演化的角度对煤与瓦斯突出的各个影响因素的形成、演化过程进行分析。

对地质构造在煤与瓦斯突出作用的认识中存在的问题,严重影响了煤与瓦斯突出预测和防治工作的有效性和针对性。发展的趋势是研究构造如何控制瓦斯运移、富集和煤体结构;研究地质动力状态及其与瓦斯赋存、煤体结构及煤岩体失稳破坏等的关系;研究有效预防和控制煤与瓦斯突出的方法等。

地质构造的形成及其演化造成了煤系的非均质特性,表现为煤岩体内出现许多断层、褶曲、节理和裂隙等地质构造,以及应力状态在多尺度空间上的特殊性。相应地,煤体结构特征、瓦斯生成、运移和赋存特征亦表现出非均质特征。在以上非均质地质环境中进行的采矿活动必然要受到这种环境的影响和制约,更为重要的是采矿活动可能进一步加剧了地质环境的非均质特征。当这种非线性特征超越了临界状态时,便以煤与瓦斯突出等突变方式来达到新的稳定的平衡。因此,认识这种地质环境的非平衡状态及其形成过程,明确瓦斯突出发生发展过程的本质,才能研究有效的预测预防技术,达到有效预防灾害的目的。

针对地质构造在煤与瓦斯突出中的作用研究存在的问题,围绕煤与瓦斯突出井田地质构造特征及其形成机制、煤与瓦斯突出井田的地质动力学特征两个方面研究不同级别的地质构造和地质动力状态对煤体结构和力学性质、瓦斯运移和赋存等的作用,分析地质构造演化对煤与瓦斯突出井田的地质构造和地质动力学状态的控制作用,在此基础上进行煤与瓦斯突出的预测。主要研究内容包括以下方面。

(1)煤与瓦斯突出影响因素分析。分析煤与瓦斯突出的影响因素,包括地质构造、煤体结构、瓦斯含量、瓦斯压力、煤体透气性等,获取影响煤与瓦斯突出的主要因素及其一般特征。确定发生煤与瓦斯突出的一般条件,重点是确定影响煤与瓦斯突出的地质构造条件,包括构造类型、构造尺度、构造形成机制等。

(2)煤与瓦斯突出的地质动力状态分析。分析煤与瓦斯突出矿区的构造凹地特征及其与地质动力状态之间的关系。确定构造凹地的地质动力学状态和煤体结构失稳的方式和特点。分析构造凹地形态和煤与瓦斯突出等矿井动力灾害危险性的关系。分析煤与瓦斯突出矿区地质动力状态对煤与瓦斯突出的影响及其在煤与瓦斯突出中的作用。在此基础上提出基于构造凹地分析的煤与瓦斯突出危险性评价方法。

(3)煤与瓦斯突出的多级别地质构造特征研究。从一般到个别的原则,从煤与瓦斯突出井田的大地构造、区域构造、矿区构造及井田构造等层次,分析煤与瓦斯突出矿区、矿井的地质构造特征及其形成机制。分析构造特征与其他影响煤与瓦斯突出的因素的关系,如地应力、煤体结构、煤体强度、煤层渗透性、瓦斯压力、瓦斯含量等。

(4)地质构造演化对煤与瓦斯突出的控制作用。从板块构造演化的角度分析煤与瓦斯突出矿区区域地质构造的演化历史,确定煤与瓦斯突出矿区地质构造的形成机制及其分布特征。确定不同构造演化背景下煤与瓦斯突出的模式。

(5)活动断裂研究及煤与瓦斯突出预测。基于板块构造理论,利用地质动力区划方法编制中国一级地质动力区划图,确定煤与瓦斯突出矿区的活动构造背景和构造格架。分析断裂活动性的主要表现形式,确定适合多尺度断裂活动性评价的主要指标,建立断裂活动性评价模型,完成断裂活动性评价。

第2章 煤与瓦斯突出分布特征及其影响因素分析

中国煤田地质背景复杂多变，不同地质背景条件下煤与瓦斯赋存存在显著的差异。对于我国煤田地质背景特征的分析，不仅有助于深入理解和总结煤与瓦斯突出的规律，而且是进行整个煤与瓦斯突出研究的首要基础和必要条件。

2.1 我国煤炭资源的时空分布特征

2.1.1 中国聚煤区划分

由于我国不同地区的大地构造环境及其控制下的古沉积环境存在重大差异，各个聚煤期聚煤作用的发生也具有区域性特征，即不同区域的含煤岩系具有不同的构造环境和演化过程。根据我国区域地质演化过程的特点，我国的聚煤区域通常分为东北聚煤区、华北聚煤区、华南聚煤区、西北聚煤区及西南聚煤区(图 2-1)[95]。

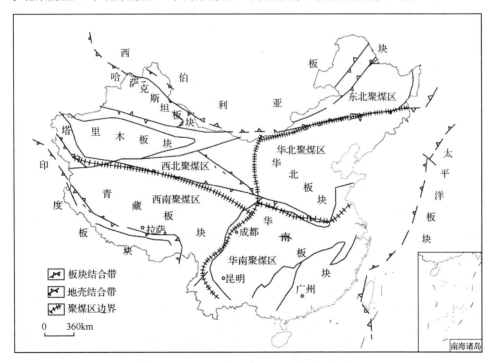

图 2-1 中国聚煤区划分与板块构造的关系

　　东北聚煤区南以西伯利亚板块与华北板块的缝合线——西拉木伦-伊林哈别尔尕断裂为界，西以狼山为界，包括黑龙江的全部，吉林和内蒙古的东北部，辽宁和河北的北缘地区。华北聚煤区位于西拉木伦-伊林哈别尔尕缝合线以南、贺兰山-六盘山西麓以东、秦岭-大别山古板块缝合带及清江断裂带以北，包括山西、内蒙古、山东、河南全部，甘肃、宁夏东部，内蒙古、辽宁和吉林南部，陕西、河北大部，以及苏北、皖北，储量约占全国的三分之一。华南聚煤区位于我国东南部，北部以秦岭-大别山古板块缝合带为界，西部边界为龙门山叠瓦逆冲断裂带及洱海-红河走滑断裂系。西北聚煤区是指昆仑山-西秦岭古板块缝合带以北，贺兰山—六盘山西麓以西的广大西北地区，包括新疆的全部，甘肃和青海的大部，以及宁夏和内蒙古西部的部分地区。西南聚煤区位于昆仑山以南，龙门山、大雪山和哀牢山一线以西，包括西藏全境、青海南部，以及川西、滇西的部分地区。

2.1.2　中国煤田时空分布

　　我国具有工业价值的煤炭资源主要赋存在晚古生代的早石炭世到新生代的古近纪—新近纪。其间重要成煤期有早石炭世(C_1)、晚石炭世—早二叠世(C_3—P_1)、二叠纪(P)、晚三叠世(T_3)、早中侏罗世(J_{1-2})、早白垩世(K_1)、古近纪(E)和新近纪(N)，其中又以广泛分布在华北聚煤区和西北聚煤区的晚石炭世—早二叠世，广泛分布在华南聚煤区的二叠纪，集中分布在西北聚煤区、华北聚煤区北部的早中侏罗世，以及分布在东北聚煤区的早白垩世四个聚煤期的聚煤作用最强，所赋存的煤炭资源量约占全国煤炭资源总量的98%。中国含煤地层遍布全国，包括元古宇、早古生界、晚古生界、中生界和新生界。

　　早石炭世煤田，主要分布于滇东(万寿山组)、黔西北(旧司段)、桂北(寺门段)、湘中和粤北(测水段)、赣中南(梓山段)、浙西(叶家塘组)、鄂南、赣东北、皖南(高骊山组)、苏南等地。其中以湘中的测水段含煤较好，粤北、桂北、黔西北、赣南赣中次之，其他地区均较差。

　　晚石炭世—早二叠世(C_3—P_1)煤田，主要分布于广大的华北地区、河西走廊—北祁连地区及柴达木北缘地区，华北地区于晚石炭世太原组之上又连续广泛堆积了重要含煤地层早二叠世山西组、下石盒子组及晚二叠世上石盒子组，形成了规模巨大、储量丰富的华北聚煤区。

　　华南聚煤区二叠纪(P)含煤地层有早二叠世早期的梁山组，早二叠世晚期的童子岩组及晚二叠世的龙潭组。其中以龙潭组分布最广，含煤最好，可与华北聚煤区的山西组媲美，是我国南方最重要的含煤地层。

　　晚三叠世(T_3)煤田主要分布于秦岭—大别山构造带以南的地区，以北的鄂尔多斯盆地、新疆天山南麓的库车地区、吉林东部的浑江流域亦有零星分布。

　　早、中侏罗世(J_{1-2})煤田主要分布于西北聚煤区及华北聚煤区，华南聚煤区的粤、湘、赣、闽、鄂等省亦有零星赋存。晚侏罗世—早白垩世(J_3—K_1)煤田则集中分布于东北聚煤区。西藏南部怒江以西的八宿、路崖、边坝一带及阿里地区分布有早白垩世(K_1)煤系沉积。沿雅鲁藏布江还分布有晚白垩世(K_2)煤系。

古近纪(E)—新近纪(N)从始新世、渐新世、中新世至上新世,均有煤层堆积。始新世至渐新世煤田主要分布于东北及华北北部地区,尤以郯庐断裂以东含煤性较好。中新世至上新世煤田则主要分布于东南沿海至云南、西藏一带,尤以云南为最好。因此,我国的古近纪—新近纪煤田分布自然形成东北—华北及西南—华南两大不同时空的聚煤区。东北—华北聚煤区以古近纪煤田为主,西南—华南聚煤区以新近纪煤田为主。

2.2　我国煤与瓦斯突出分布特征

2.2.1　我国煤与瓦斯突出概况

我国发生煤与瓦斯突出总次数占世界各国总突出次数的三分之一以上,是世界上发生煤与瓦斯突出现象较严重、危害性较大的国家之一。1949 年以前,开采深度较浅,突出较少。有记载的第一次突出在 1939 年 11 月 20 日发生于辽源矿区的富国二井,突出强度为 7t。1949 年以后,随着煤炭工业的恢复和发展,一些矿井先后发生了突出。1958 年以前,全国突出共计 309 次,突出强度也比较小,最大的只有 121t。1958 年以后,新矿区的大量开发与老矿井的延深,采掘规模不断扩大,同时由于历史原因,我国突出矿井数和突出次数逐渐增多。1958 年 6 月 3日,重庆地区南桐矿务局直属一井+150m 水平揭开四号煤层时,首次发生了强度1646t 的特大型突出,而后在湖南红卫煤矿、辽宁北票矿区、江西乐平矿区、贵州六枝矿区都相继发生了千吨级的特大型突出。据不完全统计,截至 1981 年,已发生突出的矿井达 205 个[65]。至 1995 年,我国先后在 45 个矿务局、138 个国有重点煤矿的 178 个井口,共发生煤与瓦斯突出 10815 次,死亡 1266 人,共突出煤量815800t,平均突出强度为 77.5t/次[96]。目前突出强度超过 1000t/次的特大型突出已达 100 余次。

我国绝大多数的突出为煤与 CH_4 突出,但在北票矿区的深部、阜新矿区东梁矿和王营矿发生过为数不多的岩石与 CH_4 突出,吉林营城矿发生过特大型的砂岩与 CO_2 突出,甘肃窑街矿区三矿也发生过特大型的煤、砂岩与 CO_2 突出[65]。

2.2.2　我国各聚煤区的煤与瓦斯突出

我国煤与瓦斯突出矿井主要分布在安徽、四川、重庆、贵州、江西、湖南、河南、山西、辽宁、黑龙江等省(直辖市)。各聚煤区煤与瓦斯突出情况叙述如下[97,98]。

1) 东北聚煤区煤与瓦斯突出分布

东北聚煤区是我国煤层瓦斯含量较高和煤与瓦斯突出较为严重的地区之一。其中吉林省共有国有重点煤炭企业 2 家，高瓦斯矿井 13 对，煤与瓦斯突出矿井 10 对，主要集中在辽源矿区和通化矿区。黑龙江省共有国有重点煤炭企业 4 家，高瓦斯矿井 20 对，煤与瓦斯突出矿井 5 对，主要集中在鹤岗、鸡西和七台河矿区。

本区西部北段的海拉尔地区全部为低瓦斯矿井；本区西部中段的巴彦和硕盆地群煤层较浅，瓦斯含量较低；本区西部南段的苏尼特右旗—多伦地区瓦斯含量亦较低。随着向本区东部过渡，位于本区中部南段的大兴安岭南坡-松辽盆地，高瓦斯矿井逐渐增多，万红矿区和联合村矿区分别有 2 对和 1 对高瓦斯矿井。营城—长春矿区有 10 对高瓦斯矿井，且营城五井和营城九井为 CO_2 突出矿井[48]。位于本区中东部自北而南的舒兰—伊通、辽源、蛟河等煤田和矿区，突出矿井更多，突出更加严重。位于本区最东部的延吉、珲春、鹤岗、绥滨—集贤—双鸭山、双桦、勃利、鸡西等煤田和矿区，高瓦斯矿井占绝大部分，主要分布在鹤岗、双鸭山、七台河、鸡西等矿区。其中鸡西矿区高瓦斯矿井 11 对，煤与瓦斯突出矿井 1 对，曾发生大型突出 22 次。

2) 华北聚煤区煤与瓦斯突出分布

华北聚煤区主要分布在以下几个区域。

(1) 华北聚煤区北缘煤与瓦斯突出带。包括红阳、本溪、通化、北票、南票、阜新、下花园、兴隆、承德、包头等突出矿区，其中，尤以红阳、北票、下花园三个矿区突出较为严重。红阳矿区的红菱煤矿、红阳三矿和西马煤矿为突出矿井，红菱煤矿自 1972 年至今共发生煤与瓦斯突出 136 次，红阳三矿的唯一的一次突出，突出煤 1000t，涌出瓦斯 14000m³，西马煤矿共发生瓦斯力现象 210 次[99]。最大突出发生在红菱煤矿的一次石门揭煤，突出煤 5000t，涌出瓦斯 800000m³。北票矿区至 2001 年发生煤与瓦斯突出 2134 次，始突深度为 172m（三宝一井），强度最大的突出发生在冠山二井，突出煤 1894t[100]。下花园矿区的一井、二井、四井为煤与瓦斯突出矿井。包头矿区的河滩沟矿和白狐沟矿是突出矿井，其中河滩沟矿最大突出煤量 200t，瓦斯量近 100000m³；白狐沟矿发生过 1 次煤与瓦斯突出，突出煤 230t，涌出瓦斯 10010m³。

(2) 华北聚煤区南缘煤与瓦斯突出带。包括豫西的荥巩、义马、郑州、宜洛、临汝、平顶山等矿区，以及淮北、淮南、徐宿等矿区。豫西煤田中，平顶山矿区有突出矿井 10 对，1984～2004 年累计突出 136 次，平均突出煤量为 59t/次，平均突出瓦斯量为 3479m³/次，最大突出强度为煤 562t，瓦斯在 30000m³ 以上。淮南矿区 9 对国有矿井均为煤与瓦斯突出矿井，发生煤与瓦斯突出 143 次。淮北矿区有 7 对突出矿井，共发生煤与瓦斯突出和动力现象事故 45 次。徐州矿务集团有限公司包括张集矿和义安矿 2 对突出矿井，共发生 17 次煤与瓦斯突出(包括瓦斯动力现象)。

(3) 华北聚煤区西缘煤与瓦斯突出带。分布有石嘴山、石炭井突出矿区。石嘴山矿区石嘴山一矿发生过 1 次突出。石炭井矿区乌兰矿发生过 1 次突出和多次倾出、延期倾出，汝箕沟矿发生过 2 次突出。

(4) 华北聚煤区内部的太行山东麓沿线。此区域分布有灵山、峰峰、安阳、鹤壁、焦作等突出矿区。灵山矿区的灵山四井为突出矿井，灵山一井、三井和曲阳二井为高瓦斯矿井，煤与瓦斯突出强度比较小。峰峰矿区的薛村矿、大淑村矿和羊渠河矿为突出矿井。安阳矿区高瓦斯矿井中有 7 对突出矿井，已发生煤与瓦斯突出 144 次，强度最大的突出发生在龙山矿(突出煤量为 581t)。鹤壁矿区的 8 对国有矿井中南部 4 个为煤与瓦斯突出矿井，其余为高瓦斯矿井。郑州矿区有 3 对突出矿井：大平矿、告成矿和超化矿。焦作矿区有 9 对突出矿井，截至 2004 年年底共发生大小突出 327 次，其中最大的一次煤与瓦斯突出发生在演马庄矿的二水平运输大巷石门揭煤，突出煤 1500t，涌出瓦斯 440000m³。在太行山隆起的西麓(长治断裂)，分布有阳泉、晋城等突出矿区。阳泉矿区有 4 对突出矿井，分别是一矿北头咀井、三矿裕公井和二号井、新景矿，共发生煤与瓦斯突出 2972 次，突出强度小，突出次数多。晋城矿区的寺河矿发生过一次煤与瓦斯突出，突出煤 200t。

(5) 位于鄂尔多斯盆地东南缘的韩城、铜川突出矿区。韩城矿区 1978～2004 年，共发生突出 157 次，多为压出型突出，其中桑树坪煤矿共发生突出 120 次，全部发生在 3 号煤层。最大一次突出发生在下峪口矿，突出煤 1100t，涌出瓦斯 42000m³。铜川陈家山煤矿 1991 年 11 月 20 日在四采区轨道下山掘进过程中，放炮诱发岩石与油气突出，抛出岩石 5101t，喷出油气 11736m³。

另外在华北聚煤区东部开滦矿区的赵各庄矿和马家沟矿为突出矿井，唐山矿为高瓦斯矿井。

3) 华南聚煤区煤与瓦斯突出分布

华南聚煤区是我国煤与瓦斯突出最为严重的地区。华南聚煤区的煤与瓦斯突出分布如下：

(1) 华南聚煤区西缘的滇中、川西南地区，分布龙门山、乐威、攀枝花、祥云等突出矿区。攀枝花矿区的花山矿曾发生过 8 次煤层瓦斯动力现象。

(2) 华南聚煤区东北缘芜铜、宣泾、宜溧、宁镇、长广、黄石、七约、锡澄虞等煤与瓦斯突出矿区，主要为中、小型突出，最大突出发生在芜铜矿区的大通中矿，突出强度为 435t/次。

(3) 川东南、黔西北、滇东煤与瓦斯突出带，包括南桐、松藻、桐梓、华蓥山、天府、筠连、芙蓉、中梁山、遵义、水城、六枝、盘江、恩洪等矿区。南桐矿区的 6 对矿井全部为突出矿井，共突出 1512 次，其中尤以南桐煤矿和鱼田堡煤矿突出最为严重。中梁山南矿和中梁山北矿总计发生突出 98 次，千吨以上突出 10 次。松藻矿区的 6 对矿井全部为突出矿井，总计发生突出 480 余次，最大突出强度 470t。天府矿区的 4 对矿井均为突出矿井，总计发生突出 183 次，最大的一次突出发生在三汇二矿(突出煤 12780t，涌出瓦斯 1400000m^3)。华蓥山矿区的 3 对矿井中，李子垭煤矿和李子垭南煤矿为突出矿井，绿水洞煤矿为高瓦斯矿井，累计突出 70 多次，多为 50t/次以下的突出。芙蓉矿区的 4 对矿井全部为突出矿井，总计突出 307 次，其中白皎煤矿发生突出 221 次，千吨以上突出 7 次。盘江矿区 6 对生产矿井中 5 对为突出矿井，1 对为高瓦斯矿井，总计突出 12 次。水城矿区 7 对矿井中有 6 对突出矿井和 1 对高瓦斯矿井，总计突出 73 次。六枝矿区的 9 对矿井中有 4 对突出矿井、4 对高瓦斯矿井和 1 对低瓦斯矿井，总计突出 401 次，千吨以上突出 10 次。

(4)赣、湘、粤、滇东煤与瓦斯突出带。在丰城、英岗岭、花鼓山、萍乡、茶醴、涟邵、白沙、马田、资兴、嘉禾、梅田、曲仁矿区中都分布有煤与瓦斯突出矿井，是华南地区煤与瓦斯突出矿井比较集中的地区之一。涟邵矿区 10 对生产矿井中，突出矿井 8 对，高瓦斯矿井 2 对。白沙矿区 21 对生产矿井，其中 8 对突出矿井，5 对高瓦斯矿井。嘉禾矿区的浦溪、黄牛岭两矿井为突出矿井。丰城矿区的 4 对矿井全部为突出矿井，累计突出 159 次，千吨以上突出 2 次。乐平矿区的 5 对矿井中有 4 对突出矿井和 1 对低瓦斯矿井，总计突出 142 次。萍乡矿区 7 对矿井中有 2 对突出矿井和 5 对低瓦斯矿井，总计发生突出 56 次，最大突出强度 426t。英岗岭矿区有 3 对突出矿井和 2 对低瓦斯矿井，共发生突出 652 次，千吨以上突出 10 次。

我国不同成煤时代的高瓦斯矿井、煤与瓦斯突出矿井和煤与瓦斯突出次数分别如图 2-2～图 2-4 所示。我国高瓦斯矿井、煤与瓦斯突出矿井和煤与瓦斯突出次数都以石炭纪—二叠纪为最。

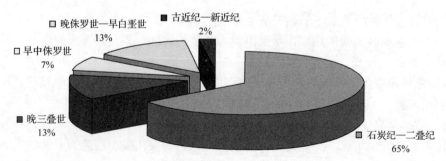

图 2-2　不同成煤时代高瓦斯矿井分布状况

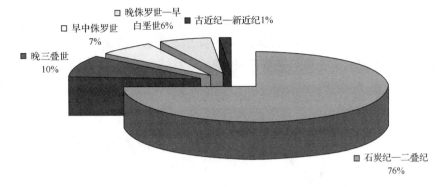

图 2-3　我国不同成煤时代煤与瓦斯突出矿井分布状况

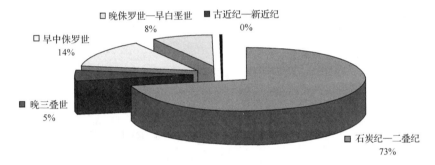

图 2-4　我国不同成煤时代煤与瓦斯突出次数分布状况

总体上，从我国的煤与瓦斯突出分布情况来看，华南聚煤区的煤与瓦斯突出最为严重，华北聚煤区次之，东北聚煤区突出程度较轻。从成煤时代与煤与瓦斯突出的关系来看，煤与瓦斯突出主要分布在石炭纪—二叠纪煤层中。

2.3　煤与瓦斯突出的影响因素分析

2.3.1　地质构造

由地球内部动力作用引起的地壳结构改变与变位的运动，称地壳运动。地质构造是地壳运动的作用发生变形与变位而遗留下来的形态，是地壳或岩石圈各个组成部分的形态及其相互结合方式和面貌特征的总称。地质构造可依其生成时间分为原生构造与次生构造。原生构造指成岩过程中形成的构造，岩浆岩的原生构造有流面、流线和原生破裂构造，沉积岩的原生构造有层理、波痕、粒序层、斜层理、泥裂、原生褶皱（包括同沉积背斜）和原生断层（包括生长断层）等。次生构造指岩石形成以后受构造运动作用产生的构造，有褶皱、节理、断层、劈理、线理等。不同的地质构造不仅出现在不同的煤田中，而且在同一煤田、同一煤层或者煤层的一个小区域内构造也会发生变化。地质构造在煤与瓦斯突出中扮演着一个基本的角色。

Pescod 详细分析了西威尔士无烟煤矿地质构造与煤与瓦斯突出的关系[15]。典型的突出地质条件包括褶曲的转折端、逆冲断层、煤层变薄带等(图 2-5)。在 101次突出中，数量最多的突出出现在背斜，或者是煤层底板起伏的地带(图 2-6)。

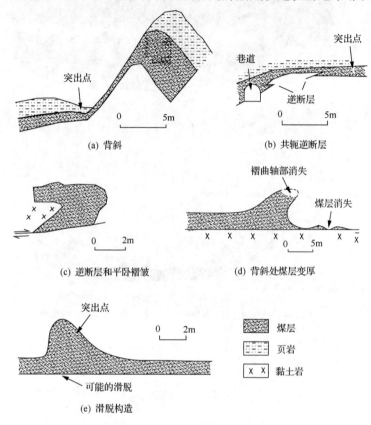

图 2-5　西威尔士煤田地质构造和煤与瓦斯突出的关系

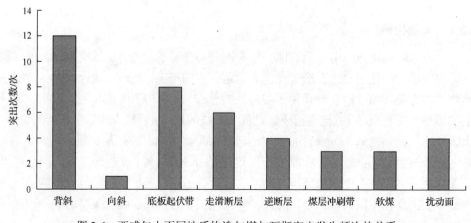

图 2-6　西威尔士不同地质构造与煤与瓦斯突出发生频次的关系

　　我国大量煤与瓦斯突出实例也表明地质构造对煤与瓦斯突出具有重要影响。于不凡根据北票矿区 1113 次和英岗岭矿区 102 次煤与瓦斯突出和地质构造的关系，分析表明断层、煤层厚度变化和岩浆侵入带是煤与瓦斯突出多发地带(表 2-1)[65]。蔡成功等在"九五"期间系统统计了我国 15 个矿区 106 个矿井的煤与瓦斯突出实例，在 3082 次有准确记录的突出实例中(图 2-7)，有 2525 次突出地点有断层、褶曲、岩浆侵入带、煤层厚度变化等地质构造，无地质构造发生突出 557 次，仅占 18.1%。易发生突出的地质构造带主要有向斜轴部地带，帚状构造收敛端，煤层扭转处，煤层产状急剧变化区，煤包及煤层厚度变化带，煤层分岔处，压性及压扭性断层地带，岩浆侵入区[101]。在地质构造中，软分层变厚突出强度最大，为 1949t/次，煤层倾角变化和褶曲次之，分别为 116.8t/次和 74.7t/次。无构造突出强度一般较小，为 53.0t/次。

表 2-1　煤与瓦斯突出在地质构造带的分布情况

突出位置	北票矿区(1951~1977 年)		英岗岭矿区(1967~1978 年)	
	突出次数/次	比例/%	突出次数/次	比例/%
断层附近	391	35.1	21	20.6
小褶曲处	21	1.9	2	2
煤层产状变化	61	5.5	7	6.8
煤层厚度变化	206	18.5	30	29.5
煤包处	—	—	42	41.1
岩浆侵入区	265	23.8	—	—
资料不全	169	15.2	—	—
合计	1113	100	102	100

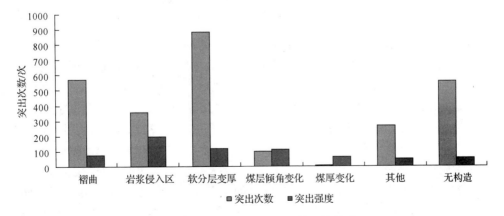

图 2-7　煤与瓦斯突出和地质构造的关系

淮南煤田位于秦岭造山带的北缘，东与郯城-庐江断裂呈截切，西以麻城-阜阳断层连接周口凹陷，北接蚌埠隆起，南以老人仓-寿县断层与合肥中生代盆地相邻。矿区主体构造为一复向斜，呈近东西向展布，并在南北两翼发育了一系列走向压扭性的逆冲断层，造成两翼的叠瓦式构造，使部分地层直立倒转，褶皱发育。淮南矿区 9 对生产矿井中有 8 对属于突出矿井，煤与瓦斯突出和地质构造具有密切的关系。在 129 次突出中，有 72 次与地质构造有关，占总突出次数的 55.81%。断层影响带共发生突出 46 次，占总突出次数的 35.66%。褶曲构造区发生突出 16 次，占总突出次数的 12.40%；煤厚急剧变化带发生突出 6 次，占总突出次数的 4.65%。潘一矿煤与瓦斯突出受到地质构造的控制(图 2-8)。

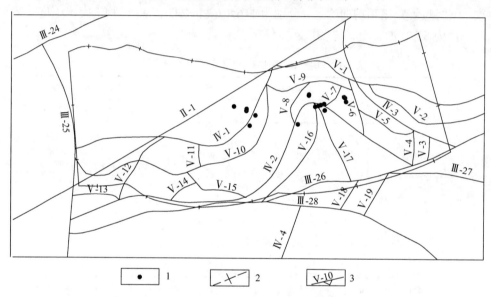

图 2-8　淮南矿区潘一矿煤与瓦斯突出和断裂构造的关系
1-突出点；2-井田边界；3-断裂带及其编号

鹤壁煤业(集团)有限责任公司的 8 对生产矿井其中六矿、八矿、十矿为煤与瓦斯突出矿井，先后共发生突出 43 次，38 次突出发生在地质构造附近，地质构造主要包括断层、褶曲和煤层倾角变化等。其中有 17 次发生在断层附近(距断层不超过 30m)，占 39.5%，其中 100 t/次以上的突出有 5 次，占大型突出的 55.6%，断层性质均为张扭性正断层。26 次突出发生在褶曲轴部及转折端，向斜和背斜均有发生，且基本都发生在附近没有大断层或连通地表断层发育的封闭性褶曲内。但褶曲附近有小断层发育时，往往是突出的多发部位。8 次突出发生在倾角剧烈变化的区域，如鹤壁六矿南翼张庄向斜区的 4 次突出分别发生在煤层倾角由 50°变为 8°、由 34°变为 14°和由 26°变为 15°的部位。北翼 75-7 向斜的 3 次突出都发生在倾角由 28°到 16°的变化区域。

华蓥山矿区是我国煤与瓦斯突出严重的矿区之一。张光林[102]详细统计了华蓥山矿区煤与瓦斯突出和地质构造的关系。矿区截至 1996 年 9 月底，已发生突出 186 次。按突出的区域性分布分析，突出多发生在宝顶背斜轴及其两翼；李子垭向斜的两翼及向斜底部与两翼的扭转部位。从表 2-2 可以看出，煤与瓦斯突出主要发生在断裂带、煤层厚度和硬度变化的区域，其次是在断层附近及小褶曲和背斜轴部等区域。此外，在 82 次处于过断层段的突出中，这些断层的落差一般为 0.1~2.0m，绝大多数不大于煤层厚度。

表 2-2　华蓥山矿区突出与地质构造的关系

突出位置	高二矿		李子垭		矿区合计	
	突出次数/次	比例/%	突出次数/次	比例/%	突出次数/次	比例/%
单斜	27	22.9	30	44.1	57	30.6
背斜	14	11.8	—	—	14	7.5
向斜	—	—	—	—	—	—
裂隙	8	6.8	5	7.4	13	7
断层	69	58.5	13	19.1	82	44.1
小褶曲处	15	12.7	—	—	15	8.1
断层附近	18	15.3	4	5.9	18	9.7
煤层厚度变化	52	44.1	16	23.5	52	28
煤层倾角变化	11	9.3	—	—	11	5.91
煤层硬度变化	43	36.4	41	60.3	84	45.2
煤包处	1	0.9	—	—	1	0.5
不明确	4	3.4	12	17.6	16	8.6

注：— 表示无该数据。

重庆各大煤矿区内地质构造复杂，褶皱强烈，断层多，裂隙发育。煤与瓦斯突出主要集中在某些地质构造带内，呈条带状分布。断裂交叉点附近、帚状构造收敛部位、断层的两端、平面上断层转弯部位、雁行式断层首尾相接部位、褶曲轴部、逆断层的上盘等是瓦斯极易突出的部位。南桐鱼田堡矿煤与瓦斯突出集中分布在 F1 隐伏断层的两侧，突出次数为该矿总突出次数的 60% 以上。松藻煤矿煤与瓦斯突出易发生在断层附近，断距的 2~3 倍内；越靠近断层，突出频率和强度越大[103]。

李成武和李延超[104]统计了近 60 个典型突出矿井突出实例，给出了不同矿区在不同地质构造条件下煤与瓦斯突出的强度(表 2-3)，并利用主成分分析法分析了突出的主要影响因素，指出地质构造带是最容易发生突出的部位。

表 2-3　不同地质构造下的突出煤量　　　　　　　　（单位：t）

构造	矿区										
	英岗岭	焦作	涟邵	白沙	平顶山	北票	资兴	丰城	鹤壁	安阳	开滦
断层	129.70	63.49	147.40	72.13	63.84	32.80	29.67	54.43	60.95	101.00	48.68
褶曲	69.41	149.70	190.60	134.70	24.58	44.83	29.56	129.00	135.00	233.30	64.67
煤层厚度变化	99.45	88.26	121.20	60.61	66.84	40.99	21.65	63.32	—	—	51.00
软分层厚度变化	—	276.50	—	76.50	122.80	—	—	320.00	—	—	—
煤层倾角变化	185.00	105.30	125.40	—	85.50	59.15	—	—	—	48.50	—
无构造	67.61	39.00	150.70	—	17.64	61.19	25.00	31.00	—	—	—
其他	63.78	31.80	87.35	—	—	80.05	20.86	77.15	25.00	10.00	17.09
岩浆侵入带	—	—	143.00	—	—	29.23	22.00	—	—	—	—

从地质构造和煤与瓦斯突出的关系来看，绝大多数的突出都发生在地质构造附近，这些地质构造包括断层、褶曲、岩浆侵入带、煤层倾角变化、煤层走向变化、煤层厚度变化、煤包、软分层厚度变化等。

2.3.2　地应力

地应力是在岩体中存在的各种应力的综合反映，就其组成来说，不但包括岩体自身应力、地质构造应力或构造残余应力，而且还包括因温度、地下水及岩石矿物转化变质作用而产生的应力，上述相对来说都是静态应力，如果考虑到动态应力效应，对矿山来说则还应考虑爆破震动引起的动态应力。

从早期的煤与瓦斯突出机理研究开始，人们就认识到了地应力在煤与瓦斯突出中的作用，更有相当多的学者提出了以地应力为主导的煤与瓦斯突出机理的观点和假说，包括岩石变形潜能假说、应力集中假说、剪切应力说、塑性变形说等[105]。随着认识的深入，考虑地应力、瓦斯参数和煤体物理力学性质的多因素综合假说逐渐被广泛接受，地应力仍然是被认为影响煤与瓦斯突出的多个因素中的重要的一个，不同的煤与瓦斯突出预测方法也都将地应力作为一个重要的指标来考虑[77,79,106]。

2.3.3　煤体结构

Taylor 最早注意到了突出煤体的结构与一般煤体的区别，并认为煤体的这一结构特征对煤与瓦斯突出具有影响[11]。Briggs[107]根据在英国西威尔士无烟煤田的煤与瓦斯突出多位于断层带附近的现象，将断层带突出煤体的特殊结构称为

"软煤"（soft coal）。Pescod[15]认为"软煤"是原先就存在于煤层中的，并不是突出的结果。Ettinger[108]基于煤的物理结构的研究提出了煤体结构的分类体系，共分为 5 类，这一分类被我国应用于煤与瓦斯突出预测预报中。20 世纪 80 年代，杨力生和彭立世、袁崇孚等瓦斯地质研究者多次强调研究构造煤的重要性，构造煤成因、分布逐渐成为瓦斯地质的核心内容，原焦作工学院提出的构造煤成因分类方案被纳入《防治煤与瓦斯突出细则》。此后，琚宜文、曹运兴、姜波、张玉贵、郝吉生等学者就构造煤从宏观、细观和微观层次开展了广泛的研究[109-113]。

　　总体上对于构造煤和煤与瓦斯突出关系的研究取得了如下认识：构造煤与原生结构煤相比，具有低强度、低渗透性、高吸附瓦斯的能力和快速解吸的能力。目前多数学者认为一定厚度构造煤的存在是煤与瓦斯突出发生的必要条件和有利条件。

2.3.4　煤层瓦斯参数

　　法国于 1914 年设立了"防治煤与瓦斯突出专门委员会"，从瓦斯分布的角度进行煤与瓦斯突出的防治研究。苏联于 1951 年设立了"防治煤和瓦斯突出中央委员会"，通过研究，指出瓦斯的分布受地质因素控制，具有不均匀分布的规律性，与构造复杂程度、煤层围岩、煤变质程度有关。Lama[114,115]对煤与瓦斯突出中瓦斯含量及其涌出规律进行了大量的研究。我国对煤层与瓦斯赋存和分布地质条件的研究更为广泛。较系统地开展瓦斯地质工作是在 20 世纪 70 年代，焦作矿业学院和四川矿业学院先后成立瓦斯课题研究组，开展了大量的瓦斯地质调研工作，均取得了相应的成果。80 年代，焦作矿业学院杨力生领导完成了全国瓦斯地质编图。国家《煤层气（煤矿瓦斯）开发利用"十一五"规划》确定的 24 个煤与瓦斯严重突出区和 34 个煤与瓦斯突出区的煤层瓦斯含量都在 $8.0 \text{m}^3/\text{t}$ 以上[116]。张子敏和吴吟在主持编制全国 2792 对矿井、173 个矿区，22 个省（自治区，直辖市）煤矿瓦斯地质图的基础上，编制了 1∶250 万中国煤矿瓦斯地质图，将中国煤矿瓦斯赋存分布划分为 29 个区，其中 16 个为高突瓦斯区，13 个为瓦斯区[93]。

　　表 2-4 给出了我国部分煤与瓦斯突出矿区瓦斯含量和瓦斯压力的测试数据。煤层瓦斯压力和瓦斯含量具有良好的一致性，煤层瓦斯含量高的矿井瓦斯压力一般也较高。

表 2-4　我国部分矿区和矿井的瓦斯含量和瓦斯压力测试数据

瓦斯参数	蛇形山矿	七台河矿区	淮北朱仙庄	淮南李一矿	淮北祁南矿	淮南矿区	淮北芦岭	鹤壁矿区
瓦斯含量/(m³/t)	20～30	4.72～12.2	6.5～13	8～12	8.6	12.5～14	14～20	16～20
瓦斯压力/MPa	2.91	1.3-3.35	1	0.65～1.9	1.73	2.45～4.0	2.35～4.06	1.0～2.0

2.3.5　煤层渗透率

渗透率是岩石介质的特征参数之一，它表示岩石介质传导流体的能力。法国工程师 Darcy 于 1856 年通过自制的沙子滤器，进行了稳定流的实验研究。后人把他的成果进行归纳推广，称为达西定律，并将渗透率的单位命名为达西。一个达西单位的渗透率表示长度为 1cm 和截面积为 $1cm^2$ 的岩样，在压力梯度为 1atm[①] 的作用下，能通过黏度为 1cP[②] 的流体的流量 $1cm^3/s$。在国际标准系统中，渗透率的单位为 m^2，通常以 μm^2 表示。$1\mu m^2=1D$，目前世界各国均以 mD（毫达西）作为渗透率的单位，$1mD=10^{-3}\mu m^2$。渗透系数 K 的定义是从渗流的达西公式中导出的。渗透系数表示当水力梯度等于 1 时，它在数值上等于渗流速度，具有速度的量纲。我国煤矿常用透气性系数来表征煤岩体的渗透性能，指在 $1m^2$ 的煤面上每日流过的瓦斯量（m^3），单位为 $m^2/(MPa^2 \cdot d)$。$1m^2/(MPa^2 \cdot d)$ 相当于该煤层的渗透率为 $2.5\times10^{-17}m^2$。

我国煤层渗透率一般为 $(0.001\sim0.1)\times10^{-3}\mu m^2$，国内渗透率最大的抚顺煤田也仅为 $(0.54\sim3.8)\times10^{-3}\mu m^2$，其渗透性比美国低 2～3 个数量级，按美国地面煤层气开发标准，认为煤层渗透率为 $(3\sim4)\times10^{-3}\mu m^2$ 最佳，不能低于 $1\times10^{-3}\mu m^{2[117]}$。据统计，我国煤的渗透率小于 $0.1\times10^{-3}\mu m^2$ 者占 35%，$(0.1\sim1.0)\times10^{-3}\mu m^2$ 者占 37%，而大于 $1\times10^{-3}\mu m^2$ 者只有 28%[118]。

根据对我国多个煤与瓦斯突出矿区渗透率的统计，大多数煤与瓦斯突出矿区的煤体渗透率在 $0.015\times10^{-3}\mu m^2$ 以下（图 2-9），即渗透性非常差。

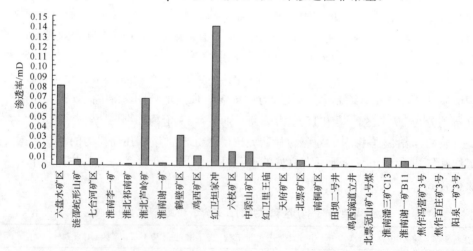

图 2-9　我国部分煤与瓦斯突出矿区和井田煤层渗透系数

---

① 1atm=1.01325×10^5Pa。

② 1cP=10^{-3}Pa·s。

2.3.6　其他因素

除了上述因素外，影响煤与瓦斯突出的因素还包括煤层厚度、顶板岩性、瓦斯放散初速度 ΔP、煤钻屑瓦斯解吸指标 Δh_2、煤坚固性系数 f、煤层倾角变化和开采深度等。

2.4　本　章　小　结

本章从板块构造和聚煤区划分的角度，以聚煤区为单位分析了我国东北聚煤区、华北聚煤区和华南聚煤区煤与瓦斯突出的分布特征。同时分析了煤与瓦斯突出的影响因素。主要结论如下：

(1)东北聚煤区的煤与瓦斯突出矿井主要分布在其东部地区；华北聚煤区煤与瓦斯突出矿井主要分布在聚煤区北缘、西缘和南缘及太行山两侧；华南聚煤区煤与瓦斯突出主要分布在华南聚煤区西缘的滇中、川西南地区，东北缘的皖南、苏南、浙北地区，川东南、黔西北、滇东地区以及赣、湘、粤、滇东等地区。

(2)从我国各聚煤区煤与瓦斯突出分布情况来看，华南聚煤区的煤与瓦斯突出最为严重，华北聚煤区次之，东北聚煤区突出程度较轻。从成煤时代和煤与瓦斯突出的关系来看，煤与瓦斯突出主要分布在石炭纪—二叠纪煤层中。

(3)地质构造是影响煤与瓦斯突出的主要因素。从地质构造和煤与瓦斯突出的关系来看，绝大多数的突出都发生在地质构造附近，这些地质构造包括断层、褶曲、岩浆侵入带、煤层倾角变化、煤层走向变化、煤层厚度变化、煤包、软分层厚度变化等。此外，地应力、煤体结构、瓦斯参数、煤体渗透率等都对煤与瓦斯突出具有重要影响。

第3章 构造凹地分析及煤与瓦斯突出危险性评价

3.1 地貌与构造的关系

　　地球的地貌与地壳内所发生的各种地质过程都有极其密切的联系。地貌受构造地质发展的基本规律的支配，也受到地貌形成规律的制约。赫顿(J.Hutton)于1788年发表巨著《地球的学说》，认定地形演变是地质发展的组成部分，明确指出"今天是过去的钥匙"这个地学研究的经典概念。1899年戴维斯(W.M.Davis)在归纳地貌成因时首次提出了三要素原理，即"地形是构造、作用和时间的函数"。1923年彭克(W.Penck)在《地貌分析》一书中指出，地貌的形成和演化要从动态构造的变化中去研究，使构造地貌学建立在科学的基础上。从此，地貌学从研究静态构造地貌扩展到研究动态构造地貌。1926年，李四光发表了《地球表面形象变迁之主因》，对大陆上的造山作用等地貌现象作了分析。20世纪10年代中期大陆漂移说(A.L.Wegener于1912年提出)的复活，以及60年代海底扩张学说和板块构造学说的提出，极大地推动了全球性地貌的研究，使构造地貌学研究与地球动力学的研究结合起来，构造地貌学在理论和实践上都有了新发展[119]。

　　地质构造是地貌形态的骨架，构造地貌是在构造影响下形成的地貌，它的作用力主要是内力。内力作用造成地壳的水平运动和垂直运动，并引起岩层的褶皱、断裂、岩浆活动和地震等。地球上巨型、大型的地貌，主要是由内力作用所造成的。构造运动具有多时期性，不同时期构造运动的方式和方向亦是多样化的，构造地貌是构造运动的综合反映，是构造运动的总图像。不同岩性、不同地质构造、不同作用时间或阶段，都会导致地貌形态的不同。反之，地貌形态的差异，可从岩性、地质构造、营力等方面获得解释。了解地貌和地质构造之间的相互联系有很大的科学和实践意义，认识了某种地质构造及构造运动对地貌的影响，就可以利用反证法，根据地貌的性质，推断地质构造及构造运动的方向和强度。正因为构造控制地貌，地貌必然也反映构造。需要注意的是，地貌不但取决于地质构造的类型，在许多方面还取决于外动力地质作用的性质、强度和持续时间。

3.2 煤与瓦斯突出矿区的构造凹地

　　对煤与瓦斯突出发生频繁的矿区，如国内的淮南、平顶山、鹤壁、阜新、北票、鸡西等矿区，俄罗斯的塔什塔戈尔、诺里尔斯克、北乌拉尔、沃尔库达等矿区，乌克兰的顿涅茨克矿区，格鲁吉亚的第比利斯矿区等的地形地貌分析表明，尽管不同矿区位于不同的高程水平，但是这些矿区都位于地形的低处，矿区的周围则表现为相对明显的隆起，利用地形图所绘制的矿区两个垂直方向的剖面更明显地体现出这一特征。本书以煤与瓦斯突出矿区地形的特征为依据，统一将具有这一地形特征的矿区称为"构造凹地"。

淮南煤田是典型的棋盘格构造形式，淮南矿区北东-南西向剖面[图 3-1(a)]显示出非常明显的构造凹地特征，凹地宽度为 15km，凹地与两侧地貌的高程差为 200～220m，淮南矿区北西-南东向剖面[图 3-1(b)]高程变化不大，仅为 10m 左右。淮南矿区的 9 对矿井全部为煤与瓦斯突出矿井。

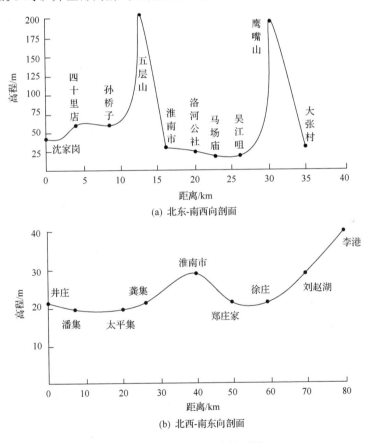

(a) 北东-南西向剖面

(b) 北西-南东向剖面

图 3-1　淮南构造凹地剖面图

鸡西矿区处在经向凹地和纬向凹地之间的相交点上，经向凹地的宽度大约为 10km，纬向凹地的宽度大约为 8km。其中以经向凹地的形态最为显著（图 3-2）。经向凹地的中心从矿区的附近通过，地形高程差为 100～400m。滴道矿是鸡西矿区突出最为严重的矿井，从图 3-2 中可以看到，滴道矿位于构造凹地的底部。

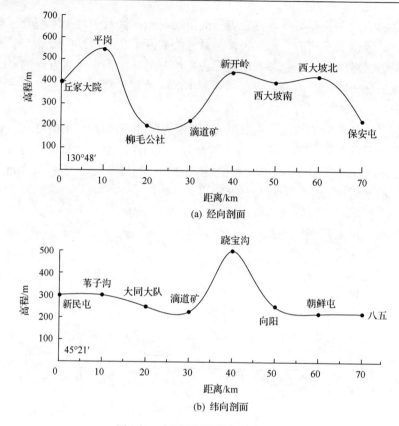

(a) 经向剖面

(b) 纬向剖面

图 3-2　鸡西矿区构造凹地剖面图

南票矿区经向凹地和纬向凹地的宽度为 15～20km，高程差为 200～600m，三家子矿处于经向凹地和纬向凹地交叉的最低点(图 3-3)。在图 3-3(b)中，更清晰地显示出三家子矿处于构造凹地中心的形态。

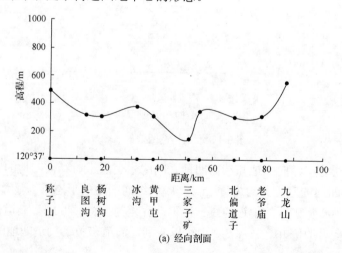

(a) 经向剖面

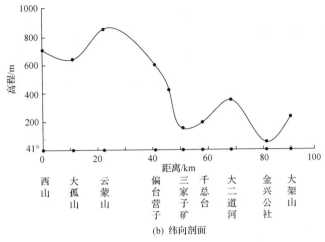

(b) 纬向剖面

图 3-3　南票矿区构造凹地剖面图

阜新矿区东侧为医巫闾山，西侧为松岭山脉，北侧为乌兰木图山，经向凹地的宽度大约为 60km，纬向凹地的宽度大约为 30km，地形高程差为 400～600m（图 3-4）。

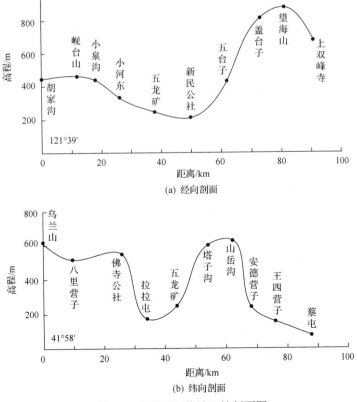

(a) 经向剖面

(b) 纬向剖面

图 3-4　阜新矿区构造凹地剖面图

鹤岗矿区构造凹地位于经向凹地和纬向凹地的相交部位,经向凹地的宽度大约为 60km,纬向凹地的宽度大约为 40km。两侧高程差为 300～800m(图3-5)。图 3-6 给出了兴安矿在鹤岗矿区地形剖面上的位置。兴安矿在鹤岗盆地中处在经向凹地和纬向凹地之间的相交点上,井田两侧的地形高程差为200～300m。

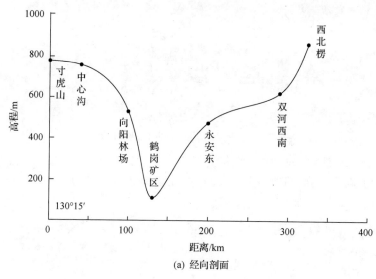

(a) 经向剖面

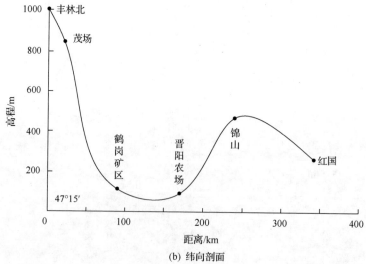

(b) 纬向剖面

图 3-5　鹤岗构造凹地剖面图

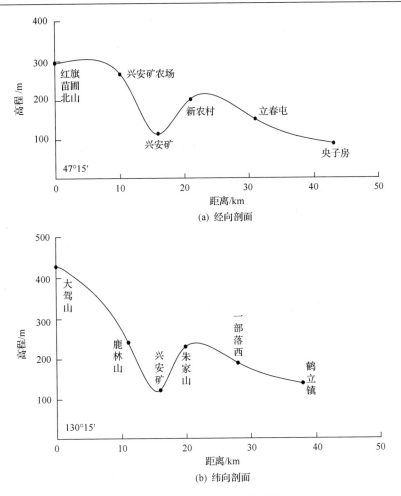

图 3-6　鹤岗矿区兴安矿凹地剖面图

国外一些煤与瓦斯突出矿区在地貌剖面上的位置如图 3-7 所示，尽管这些矿区处于不同高程位置，但是其普遍位于构造凹地内。

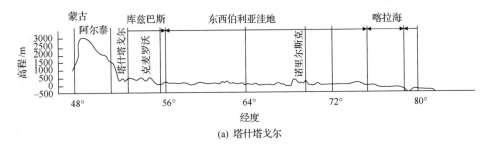

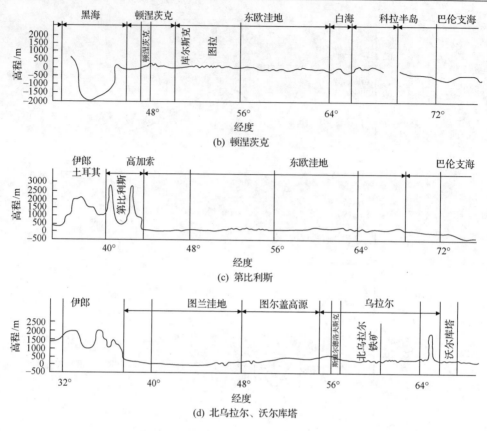

图 3-7　国外突出矿区在地貌剖面上的位置

3.3　构造凹地的动力学状态

3.3.1　构造凹地的地质动力状态

构造凹地的显著特点之一就是凹地两侧隆起区相对凹地较高的高程。因此，构造凹地两侧的隆起区与凹地内部具有较高的位势差。重力作用的趋势是使一切物体尽可能地取其最小位能，从而处于一种相对稳定的状态或均衡状态。构造凹地的两侧隆起区必然也趋向于向低处运动而达到稳定状态。

考虑沿垂直构造凹地走向剖面的应力状态。构造凹地内水平应力可以表现为以下形式：

$$\sigma_X = \sigma_T + \sigma_{gx} + \sigma_{gh} \tag{3-1}$$

式中，σ_X 为水平应力的总和；σ_T 为构造应力；σ_{gx} 为重力滑动力的水平分量；σ_{gh}

为自重应力的水平分量。

对于距地表深度为 H 的某一点，在构造凹地中[图 3-8(a)]和隆起地形[图 3-8(b)]中，重力下滑力作用方向是相反的。构造凹地的重力下滑力指向凹地内部，隆起地形中重力下滑力背向隆起部位。因此，在构造凹地中重力下滑力使得构造凹地内部水平应力增大，而在隆起地形中，重力滑动力却使得水平应力减小。重力下滑力最终的效应是使构造凹地内部挤压应力增大，压性特征增强，而隆起区则表现为更具有张性特征，或者说压性特征减弱。

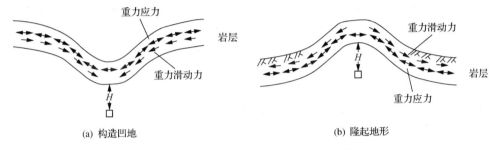

(a) 构造凹地　　　　　　　　　　　(b) 隆起地形

图 3-8　不同地形条件下地形的水平应力效应

重力下滑力在某些情况下能够产生非常显著的构造作用。例如，在重力滑动构造中，具有高位势的地质体通过降低其位势而趋向于稳定。川东发育很多逆断层、逆掩断层，它们随褶皱的出现而出现，断层往下则消失在一定的层位里，有时在三叠系里消失，有时在不整合面上消失(图 3-9)，这些断层很可能是雪峰、武陵等山体在晚白垩世以后不断上升，抬升至高位势后产生的大规模重力滑动的结果[120]。

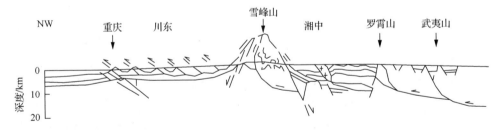

图 3-9　山脉隆起下滑力形成的两侧挤压构造

然而重力滑动还需要润滑层、滑动面等其他条件。在构造凹地中，重力滑动未必能够发生。即使没有发生重力滑动，隆起地形对凹地中的应力状态也具有重要影响。在位于较低等高线水平的矿区内，矿山压力一定会比位于较高等高线水平的矿区内高些，这种论断与实际情况是相符的，因为位于较低等高线水平的矿区内的矿山压力基本上是受位于高水平的岩层质量的制约。例如，位于山谷底的拉斯乌姆乔尔金属矿的水平构造应力比位于尤克斯波尔山顶的应力大 2.5～3 倍[121]，充分说明了构造凹地的地质动力状态。

3.3.2　构造凹地对地应力场影响的解析计算

Jeffers[122]、Savage 等[123]、Haimson[124]、McTigue 和 Mei[125]、Liu 和 Zoback[126] 等就地形对地壳上部应力状态的影响进行了大量的研究。McTigue 和 Mei、Savage 等的研究都表明，对一个无限长脊来说，所产生的最大水平主压应力分布于紧邻脊部"平地"的浅部(深度小于地形的高度)。因为这些模型是二维的，并且不存在与脊的轴线方向平行的派生应力。所以当主应力与地形线不一致时，就不能用以计算地形对构造应力量值及方向的扰动。Liu 和 Zoback 用 Boussinesg 问题和 Cerrutis 问题的解作为 Green 函数获得以应力分量的形式求解平衡方程来计算任意地形的近地表应力状态的方法，对卡洪帕斯科学钻孔工程场地的研究表明地形和构造应力的叠加效应使得最大水平应力方位在地壳浅部产生较小的转动。朱焕春和陶振宇[127]基于数值计算和弹性卸荷理论研究认为不同成因类型地貌单元中岩体地应力具有不同的分布特征。陈群策等[128]研究表明河谷地形对局部地应力场方向的影响和控制作用明显，对地应力量值的分布也具有一定的影响。王晓春和聂德新[129]将以河谷区为代表的起伏地形强烈地区地应力分布划分为地表地质作用控制带、过渡带和区域地应力场控制带。谭成轩等[130]提出了"构造应力面"的概念，指出水平侧压力和山体 z 高度是影响构造应力面深度的主要因素。陶波等[131]利用集中荷载问题提出了地形对水平岩层自重成因应力的影响的计算方法。白世伟和李光煜[132]、陈洪凯和唐红梅[133]、张宁[134]、易达和陈胜宏[135]根据地应力测量结果、数值计算及弹性卸荷理论等对地形地应力场影响研究。

Mareschal 和 Kuaug[136]认为美国东南部南阿巴拉契亚与陆缘之间的地形 (+1000~–200m)和地壳厚度的变化(50~20km)，其联合作用引起的应力值可能达到 100MPa。Assameur 和 Mareschal[137]对加拿大地区由地形和密度不均引起的应力计算结果表明，局部应力场的应力值大约为 10MPa，等同于板块构造应力的量级，以此解释了该区域重力诱发浅源地震的机制，强调必须考虑重力引起的应力。

以上关于地形对地应力场的影响在水电工程领域得到了广泛的认识，进行了深入的研究，然而在矿区，对于地形地貌对矿区地质动力状态的研究还相对较少。因此探讨地形对地应力场的影响对于研究这些矿区的动力灾害机理的认识具有一定的意义。本书利用弹性半空间方法研究构造凹地对地应力场的影响。

在研究岩层内部由隆起地形引起的应力分布规律时，把岩层作为均质各向同性体，不考虑水平岩层自重引起的应力，并且假定岩体的各个部位均为弹性变形。在这种情况下，半无限平面边界上受分布荷载作用的问题可以用图 3-10 所示的模型表示。半平面体在其边界 $-a \leqslant x \leqslant b$ 段上受强度为 $q(x)$ 的分布力，为了求出半无限平面内某一点 $c(x, y)$ 处的应力分量，在 AB 面上取微元 $\mathrm{d}\varepsilon$，它距坐标原点 0 的距离为 ε，把在 $\mathrm{d}\varepsilon$ 上所受的力 $\mathrm{d}p = q\mathrm{d}\varepsilon$ 看成一个微小集中力，于是 $\mathrm{d}p$ 引起的应力问题（Boussinesq 问题）可以按照相应的方法进行求解[138]。

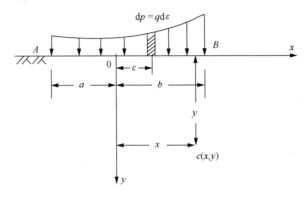

图 3-10　半无限平面边界上受分布载荷作用的力学模型

在图 3-10 中，c 点与微小集中力 dp 的铅直和水平距离分别为 y 和 $(x-\varepsilon)$，因而，$dp=qd\varepsilon$ 在 c 点引起的应力分量为

$$d\sigma_x = -\frac{2qd\varepsilon}{\pi} \cdot \frac{y^3}{[y^2+(x-\varepsilon)^2]^2} \tag{3-2}$$

$$d\sigma_y = \frac{2qd\varepsilon}{\pi} \cdot \frac{y(x-\varepsilon)^2}{[y^2+(x-\varepsilon)^2]^2} \tag{3-3}$$

$$d\tau_{xy} = \frac{2qd\varepsilon}{\pi} \cdot \frac{y^2(x-\varepsilon)}{[y^2+(x-\varepsilon)^2]^2} \tag{3-4}$$

将所有微元集中力所引起的应力相叠加，即求出式(3-2)～式(3-4)的积分，即可求出全部分布力在 $c(x,y)$ 点所引起的应力值：

$$\sigma_x = -\frac{2}{\pi} \cdot \int_{-a}^{b} \frac{qy^3 d\varepsilon}{[y^2+(x-\varepsilon)^2]^2} \tag{3-5}$$

$$\sigma_y = -\frac{2}{\pi} \cdot \int_{-a}^{b} \frac{qy(x-\varepsilon)^2 d\varepsilon}{[y^2+(x-\varepsilon)^2]^2} \tag{3-6}$$

$$\tau_{xy} = -\frac{2}{\pi} \cdot \int_{-a}^{b} \frac{qy^2(x-\varepsilon)d\varepsilon}{[y^2+(x-\varepsilon)^2]^2} \tag{3-7}$$

在应用这些公式时，须将分布荷载 q 表示为 ε 的函数，然后进行积分。对阜新构造凹地的计算结果表明，由于凹地两侧的隆起导致凹地内水平应力增大 1.5～2.8MPa，在浅部(–100m)比较显著[139]。

3.3.3　构造凹地的地应力状态实测

为了进一步分析构造凹地的地质动力状态，利用空心包体地应力测量方法对淮南、阜新、南票和鹤岗等构造凹地进行了地应力实测。测量结果的分析如下。

1）最大主应力

我国煤矿区原岩应力相对较低[140]，最大主应力为

$$\sigma_{h\max} = 0.02h + 4 \tag{3-8}$$

根据实测资料得出的最大主应力随深度的变化曲线为

$$\sigma_{h\max} = 0.03h + 6.64 \quad (R^2 = 0.846) \tag{3-9}$$

最大主应力梯度随深度的增加而逐渐减小，但是最大主应力的变化范围很大，数据比较离散（图 3-11）。在–400～–550m 范围内，最大主应力随深度增加的梯度（MPa/m）较大，在–550m 以下，这种变化相对变缓。总体上，构造凹地的最大主应力远高于区域应力场平均水平。

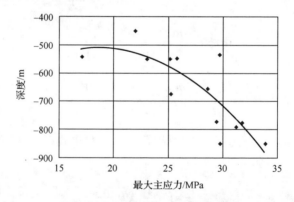

图 3-11　最大主应力与深度的关系

2）最大主应力与最小主应力平均值

一般统计的最大主应力与最小主应力平均值随深度的变化关系为[141]

$$\sigma_h = (\sigma_{h\max} + \sigma_{h\min})/2 = 0.72 + 0.041h \tag{3-10}$$

–400m 以下最大主应力与最小主应力平均值随深度变化的曲线如图 3-12 所示，回归方程为

$$\sigma_h = (\sigma_{h\max} + \sigma_{h\min})/2 = 6.33 + 0.02h \tag{3-11}$$

　　从两个数据的对比来看，以往的统计式中常数项很小(0.72)，最大主应力与最小主应力平均值基本上与深度呈线性关系，根据式(3-10)，当深度为–1000m 时，最大主应力与最小主应力平均值为 41.72MPa。而按照式(3-11)，–1000m 深度的最大主应力与最小主应力平均值为 26MPa，二者数值相差很大。产生这一点的原因在于以往的测量点一般位于浅部(–300m)，而本书的研究范围在–400m 以下。

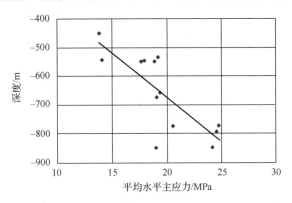

图 3-12　最大主应力与最小主应力平均值随深度的变化

　　构造凹地最大主应力与最小主应力平均值和垂直应力的比值分布在 0.86～1.64(图 3-13)。国内外实测资料得出的这个比值为 0.8～1.2。位于–550m 以上的测点，最大主应力与最小主应力平均值和垂直应力的比值表现出较大的离散性(0.93～1.64)。位于–550m 以下的测点则相对集中(0.86～1.25)。可以看出，构造凹地的最大主应力与最小主应力平均值和垂直应力的比值在浅部出现了高值，随着深度的增加而逐渐减小。

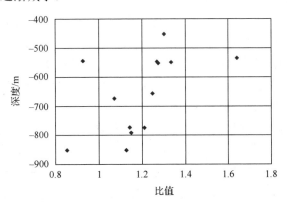

图 3-13　最大主应力与最小主应力平均值和垂直应力之比与深度的关系

3)最大主应力与最小主应力

最大主应力与最小主应力的比值分布在 1.56～3.93，其中 69%分布在 1.7～

2.8，50%的测点最大主应力为最小主应力的 2 倍以上(图 3-14)。可以看出，构造凹地中最大主应力与最小主应力相差很大。

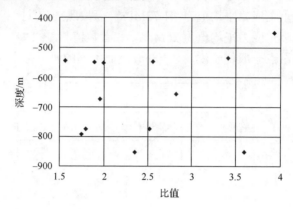

图 3-14　最大主应力与最小主应力的比值与深度的关系

4)地应力场类型分析

三个主应力的空间关系是表征一个地区地应力场基本特征的主要因素。Anderson 在根据断层类型反推可能产生这种断层活动的地应力状态的基础上，将地应力划分为正断层应力类型、走滑断层应力类型和逆断层应力类型[142]。彭向峰和于双忠[143]根据三个主应力的空间关系将原岩应力场划分为三种宏观类型：大地静力场型、大地动力场型和准静水压力场型。王沛夫[144]根据大地构造单元的分布架构并观察各种形态地震分布的情形，将现今地壳应力状态分为压缩区、伸张区和稳定区三种地体构造应力架构，并给出了具体的分类计算指标。总体来看，正断层应力类型相当于大地静力场(伸张区)；走滑断层应力类型和逆断层应力类型为大地动力场型(压缩区)，而正断层应力类型、走滑断层应力类型之间的过渡类型为准静水压力场型(稳定区)。

本书所研究的构造凹地所有测点最大主应力倾角近水平($\pm15°$)，中间主应力倾角大多数接近于竖直($\pm32°$)，而最小主应力倾角也近于水平($\pm25°$)，因此构造凹地的应力场类型为大地动力型(压缩区)(图 3-15)。

前面已对应力场的类型做了探讨。然而从最大主应力与垂直应力随深度的变化关系可以看出，随着三个主应力量的逐渐变化，其相对关系也会变化。应力场划分的临界状态为 $\sigma_z \approx \sigma_x$ 或 $\sigma_z \approx \sigma_y$，当超过某个临界状态($\sigma_z \approx \sigma_x$ 或 $\sigma_z \approx \sigma_y$)后，就转变为另一种类型的地应力，即应力场类型也会发生变化，应力场类型与深度相关。根据最大主应力与垂直应力随深度的变化关系可以看出，在本书所探讨的–1000m 以上的范围内，地应力场为大地动力场型，随着深度的继续增加，地应力场变化的趋势是向准静水压力场过渡。

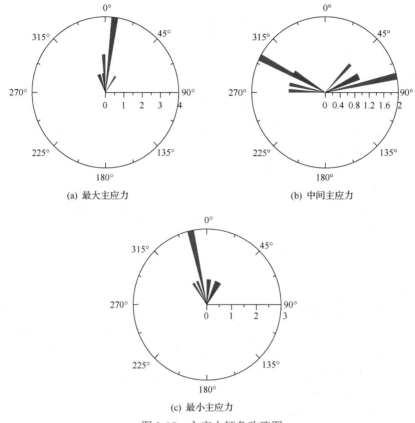

图 3-15　主应力倾角玫瑰图

综上所述，根据地应力测量结果，构造凹地的水平构造应力显著，尤其是在地壳浅部，最大主应力与最小主应力都高于区域应力场的平均水平。构造凹地的最大主应力与最小主应力的量值有较大差别。

3.4　构造凹地对煤与瓦斯突出的控制

3.4.1　构造凹地对瓦斯赋存的控制

煤层中瓦斯的流动主要依赖于煤层中孔隙-裂隙的发育程度和张开程度，前者受到煤体结构的控制，而后者则主要取决于现代地应力场特征。在高构造应力条件下，煤岩体孔隙和裂隙总体上处于一种相对闭合的状态，从而导致渗透率的下降，瓦斯的运移受到限制。因此在高挤压构造应力条件下，可以产生封闭效应，形成良好的瓦斯赋存环境。构造凹地对瓦斯赋存的影响即体现在其挤压构造应力的增强而导致瓦斯运移和逸散通道的闭合。

在影响煤层渗透率的地质构造、应力状态、煤层埋深、煤体结构、煤质特征、天然裂隙等诸多因素中，应力是影响煤体渗透率的最为显著的因素。煤体在应力场作用下，其微观结构的变化体现为孔隙结构的压实过程或者松散过程。煤体渗透率与应力的关系可表示[145,146]为

$$K = K_0 \exp(-3C_\varphi \Delta\sigma) \tag{3-12}$$

式中，K 为定应力条件下的绝对渗透率；K_0 为无应力条件下的绝对渗透率；C_φ 为煤的孔隙压缩系数；$\Delta\sigma$ 为应力变化率。由式(3-12)可见，渗透率与应力的负指数关系对于瓦斯赋存和运移的意义是显而易见的。在挤压构造应力作用下，渗透率呈指数衰减，瓦斯的流动受到阻隔，成为良好的瓦斯保存条件。在拉张应力作用下，则有利于瓦斯的流动。应力状态成为影响瓦斯赋存的重要因素。

从现场实际来看，表现为隆起带煤层瓦斯含量低，构造凹地煤层瓦斯含量高。下面以阜新构造凹地和红庙隆起带进行说明。

阜新盆地在地貌单元上属于辽西低山丘陵的北部边缘地带，整个盆地呈北东-南西向狭长带状展布。盆地北缘为二郎庙山，海拔为 300～600m(最高峰为乌兰木头山，海拔为 831m)，东部为医巫闾山山脉，海拔为 500～850m(最高峰为望海峰，海拔为 866m)，长达 80km，与下辽河平原构成一个明显的山地与低平原的天然分界线。西部为努鲁尔虎山系松岭山脉，海拔为 500～800m(最高峰为清河门大青山，海拔为 819m)。医巫闾山山脉、松岭山脉在东北端沙拉一线相连，西南在义县南七里河一带由零星丘陵相接，山脊线大致呈北东向延伸，与区域主要构造线方向相近，从而构成一个完整清晰的长方形盆地。盆地由两侧向中央依次为高山、低山、丘陵、平原与河流，构成了明显的阶梯状夷平面。阜新矿区总体沿山脊线延伸，由第四系地层覆盖，地表标高 100～200m。纵观盆地全貌有北高南低之势(图 3-16)。

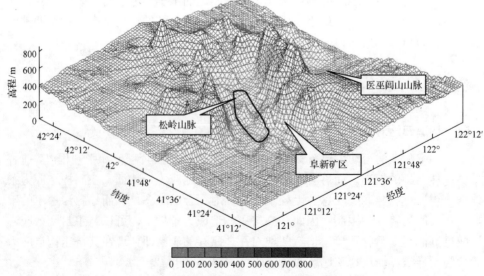

图 3-16　阜新构造凹地三维地形图

对阜新矿区的瓦斯参数测试表明，瓦斯含量高，瓦斯压力大（表 3-1）。

表 3-1　阜新矿区瓦斯参数测定结果

测定地点	煤层	埋深/m	瓦斯含量/(m³/t)	瓦斯压力/MPa
五龙矿 331 回顺	太上煤层	630	16.56	2.80
海州立井 3316 风道	太下煤层	530	14.87	0.80

元宝山盆地位于天山-阴山巨型纬向构造带的东段与大兴安岭交接复合部位，呈北东-南西向延伸，走向长 70km，宽约 20km。盆地四周为中低山环抱，西北有巴当山、平顶山，标高 680～900m。英金河南岸为马蹄子山，标高 650～730m。盆地东南老哈河右岸有大马圈子山、大碾子沟山，标高 650～950m。盆地东北侧有察巴千山、青山，标高 595～655m。盆地内为英金河及老哈河冲-洪积平原。在 1∶20 万的地形图上分别沿元宝山盆地走向和垂直盆地走向所做的两条剖面表明，元宝山盆地从西南至东北地形逐渐降低，红庙矿地势总体位于盆地从高至低的过渡地带，比盆地东北部的牤牛营子要高出 100～150m（图 3-17）。在沿垂直于盆地的走向剖面上，红庙矿位于低凹地带，但是其地貌高程相差较小（100m）。同样在 1∶5 万的地形图上以红庙井田为中心分别做了近南北向和近东西向两条剖面（图 3-18）。事实上图 3-18 是将图 3-17 中红庙井田区域进行了放大，由此也得到了更多的信息——近南北向和近东西向剖面都显示出红庙井田位于相对较高的地势上。这一点和煤与瓦斯突出矿区（或矿井）的地形具有完全相反的形态。

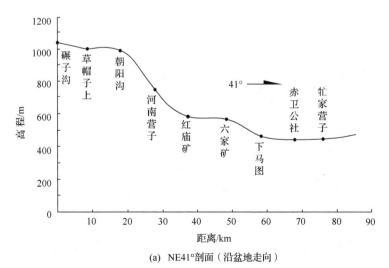

(a) NE41°剖面（沿盆地走向）

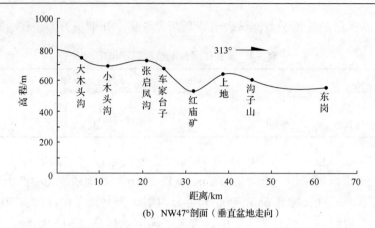

(b) NW47°剖面（垂直盆地走向）

图 3-17　红庙矿剖面(在 1：20 万地形图上)

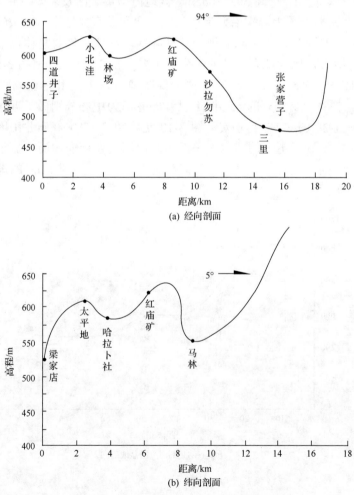

(a) 经向剖面

(b) 纬向剖面

图 3-18　红庙矿剖面(在 1：5 万地形图上)

红庙矿井田三维地形图(图 3-19)进一步表明了其地形地貌的特征。从图中可以看到,红庙井田整体上为一个中央高、四周低的凸起的形态。红庙矿的地表高程为 550～635m,周围地表为 200m 左右。这一地形状态导致井田地质动力状态表现为张性特征,或者说是压性特征较弱。在这一地质动力状态下,井田煤层瓦斯具有较好的释放通道,瓦斯含量应处于较低水平。红庙矿煤层瓦斯实测结果表明,在距地表 485m 的 6-1 煤层中,瓦斯含量仅为 $0.777m^3/t$(表 3-2)。

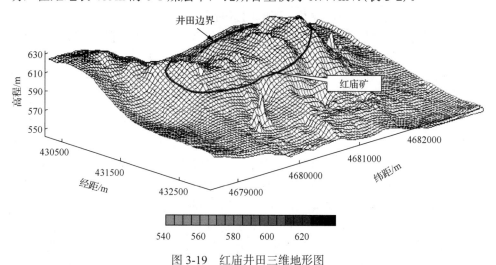

图 3-19　红庙井田三维地形图

表 3-2　红庙矿瓦斯参数测定结果

测定地点	煤层	埋深/m	瓦斯含量/(m³/t)	瓦斯压力/MPa
五区水仓	6-1	485	0.777	0.19～0.52
五区水仓	5-1	485	1.025	0.38～0.5
六区水仓	6-1	390	0.990	0.28～0.43

苏南中部矿区的地形与瓦斯赋存也明显体现了这一规律。苏南中部受江阴-溧阳古隆起带的控制,在龙潭组沉积的后期,沿北东向发生了隆起,导致龙潭组上段和大隆组或长兴组缺失。这一隆起导致了煤层瓦斯的逸散,位于隆起中部的原常州矿区 4 对矿井均为低瓦斯矿井。而在隆起的边缘及以东的拗陷带,矿井瓦斯含量明显增加,出现了煤与瓦斯突出矿井。

因此,构造凹地的瓦斯含量相对要比处于隆起区的瓦斯含量高。

3.4.2　地质动力状态对煤与瓦斯突出的作用

1)高水平应力的作用

地应力是煤与瓦斯突出的动力之一。高水平应力使得井田具有更高的煤与瓦斯突出危险性。前述构造凹地的高水平应力说明了这一点。在低水平应力条件下，井田煤与瓦斯突出危险性相对较低。例如，我国煤矿区的水平应力值变化范围很大，为 6.0～22.7MPa，主要集中在 8～17MPa，而美国黑勇士盆地为 1～6MPa，与美国相比，我国煤层所承受的地应力大，我国煤与瓦斯突出也较为严重。

山西沁水盆地中-南部位于太行隆起带西部，是我国煤层气开发最为成功的地区之一，也是关于煤层渗透性及其影响因素研究最为丰富的地区之一。徐志斌等根据晋中南及其邻区 1965 年以来所发生的 4 级及大于 4 级的地震震源机制解和 1973 年以来的小震综合断面解的综合分析表明，本区应力场表现为近水平伸展应力场，主张应力轴总体呈北西-南东向展布，主压应力轴总体呈北东-南西向展布[147]。傅雪海等[148]、陈金刚和张景飞[149]的研究表明，在–510m 以深，盆地最大主应力为垂直应力，最小主应力为水平应力。本区潞安矿区王庄矿空心包体地应力测量结果(表 3-3)表明，该地区最大主应力为铅直方向，中间主应力和最小主应力为近水平方向。根据以上研究，本区的地应力类型确定为大地静力场。沁水盆地中-南部主煤储层的试井渗透率为 0.01～5.71mD，渗透率低于 0.1mD 的占 50% 左右，0.1～1.0mD 的占 25%左右，1.0～2.0mD 的占 20%左右，都明显高于全国现有试井数据的平均水平[150]。因此，沁水盆地中-南部的矿井尽管瓦斯含量高，但是应力状态的张性特征，导致其煤层渗透率较高，而煤与瓦斯突出很少发生(晋城矿区寺河矿于 2007 年发生过一次突出)。

表 3-3　潞安王庄矿地应力实测结果

测量地点	距地表深度/m	最大主应力			中间主应力			最小主应力		
		量值/MPa	方位/(°)	倾角/(°)	量值/MPa	方位/(°)	倾角/(°)	量值/MPa	方位/(°)	倾角/(°)
6108 车场	272	8.05	64.96	25.68	6.51	46.98	104.57	1.42	53.75	136.48
5109 轨道下山	305	9.34	79.32	18.00	7.11	15.01	76.89	5.16	94.40	102.12

2)高水平差应力的作用

煤层属于一种由裂隙和基质组成的双孔隙介质，其渗透率与裂隙性质密切相关。理想的裂隙-基质系统中水平渗透率与裂隙的各种要素之间存在如下关系：

$$K_H = K_M + 8.44 \times 10^7 W^3 \cos 2\alpha / L \qquad (3\text{-}13)$$

式中，K_H 为水平渗透率；K_M 为基质渗透率；W 为裂隙壁距；L 为裂隙间距；α 为裂隙面与水平面的夹角。可以看出，煤储层中天然裂隙的壁距对原始渗透率起着关键性的控制作用。秦勇等[151]指出，天然裂隙壁距是地应力大小和方向的函数，构造应力场主应力差对岩层裂隙壁距和渗透率的影响存在两类效果截然相反的情况(图 3-20)。当构造应力场最大主应力方向与岩层优势裂隙组发育方向一致时，裂隙面实质上受到相对拉张作用，主应力差越大，相对拉张效应越强，越有利于裂隙壁距的增大和渗透率的增高。而在最大主应力方向与岩层优势裂隙组发育方向垂直时，裂隙面受到挤压作用，主应力差越大，挤压效应越强，裂隙壁距则减小甚至密闭，渗透率降低。

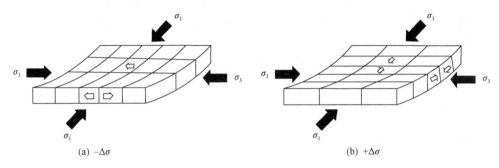

$$(a)\ -\Delta\sigma \qquad\qquad (b)\ +\Delta\sigma$$

图 3-20　构造应力场最大主应力方向及主应力差与煤层裂隙受力状况关系

因此，构造凹地的地质动力状态特征反映了两个方面，由于总体上高压应力状态，煤层区域性渗透率的下降；对于差应力的作用，则存在两个方面，有可能是使渗透率下降，或者是上升。对含瓦斯煤这一多孔介质，渗透率的降低引起孔隙压力的升高。因此在高应力环境下，作为突出的动力之一的瓦斯压力，也因高地应力而得到增强。

3) 渗透率-瓦斯压力-瓦斯含量-煤体强度之间的关系

瓦斯压力增加，有效应力减小，使煤抵抗破坏的能力降低。孔隙压力的作用为阻止煤体裂纹压密、促进裂纹扩展，因而孔隙压力的增高使含瓦斯煤的破坏强度(峰值强度)降低，在一定程度上减弱了宏观裂缝面间的摩擦系数[152,153]，从而使煤体的强度降低。吸附瓦斯减少了煤体内部裂隙表面的张力，从而使煤体骨架部分发生相对膨胀，导致煤体颗粒间的作用力减弱，被破坏时所需的表面能减小，同样也削弱了煤体的强度[154]。此外，含瓦斯煤的脆性度随瓦斯含量的增加而显著增加。煤体脆性度越大，其失稳破坏越容易发生，因此，瓦斯的作用加速了煤体失稳破坏的进程[155]。

从以上的分析得知，高地应力环境通过瓦斯压力和瓦斯含量的增加而增加了突出的动力，通过煤体强度的降低而减少了突出的阻力。在高地应力环境下，即使深度不大，也有可能发生突出，如湖南的一些煤矿，发生突出的深度只有几十米。

3.5　构造凹地煤与瓦斯突出危险性评价

3.5.1　构造凹地的反差强度和煤与瓦斯突出的关系

在大地构造学中，反差强度的含义包括构造反差强度和地貌反差强度两方面。因二者密切相关，故常可结合起来，称为"构造-地貌反差强度"。

构造反差强度是指某一地区的地壳于某一发展阶段内在某种大地构造地壳运动类型控制下，由于褶皱、断裂、拱曲或其他构造导致的差异升降所形成的构造起伏(隆起和陷落)的密度、幅度及速度的总称[156]。构造反差强度通常用 C 表示，其函数关系式为

$$C = f(d, h, v) \tag{3-14}$$

式中，d 为构造起伏密度；h 为构造起伏幅度；v 为构造起伏速度。

地貌反差强度是指在一定地区范围内，一定时期地貌起伏密度、地貌起伏幅度和地貌起伏速度的总称，也可用构造反差强度的函数表达式表示[157]：

$$C = f(d', h', v') \tag{3-15}$$

式中，d' 为地貌起伏密度(单位距离内隆起和拗陷的个数)；h' 为地形起伏的最大幅度(最高点与最低点之间的高差)；v' 为地貌起伏速度(单位时间内，地面上升或下降的距离)。

按上述定义，反差强度应有相同的总体表达形式，把它们写成：

$$C = f(d, h, v) = A \cdot d' + B \cdot h' + E \cdot v' \tag{3-16}$$

式中，A、B 和 E 是三个待定系数。

式(3-16)表示构造反差强度与地貌反差强度之间的关系，根据式(3-16)，我们可以用地貌反差强度来分析构造反差强度。

对于构造凹地的分析，考虑构造凹地现今的状态，暂不考虑时间因素，同时不以一定范围而是以一个构造凹地为单位来进行计算，将构造凹地用以下函数描述[158]：

$$C = f(\Delta h, \Delta l) \tag{3-17}$$

式中，C 为构造凹地的反差强度；Δh 为构造凹地最高与最低高程的差值，m；Δl 为构造凹地的宽度，km。

式(3-17)为定性的描述，考虑对反差强度进行定量计算，采用如下计算式：

$$C = A \cdot \Delta h + B \cdot \frac{1}{\Delta l} \qquad (3-18)$$

式(3-18)中 A 和 B 分别代表了构造凹地高程差值 Δh 和构造凹地宽度 Δl 对于反差强度 C 的重要性，即权重。考虑到不同的地形特征，其地形对于反差强度的贡献不同，确定按照表 3-4 进行取值。

表 3-4　不同地形的 A、B 值

参数	山地	丘陵	平原
A	0.25	0.5	0.75
B	0.75	0.5	0.25

由于 Δh 和 Δl 的单位和量值不同，如果直接代入式(3-18)求和，就会使其对 C 的影响不均等。因此，必须对它们作归一处理。在这里采用相对归一方法，即对所研究的几个地区，选择其中 Δh 和 Δl 的最大值作为归一因子，所有地区所测量得到的具体数值均除以各自的归一因子。经归一化处理后，所有的参数都成为无量纲的数值。由于在进行构造凹地的分析中，考虑了两个方向的地貌情况——经向凹地和纬向凹地，在进行构造反差计算时，对经向凹地和纬向凹地分别进行了计算，C 为经向反差强度和纬向反差强度中的最大值。本书所计算的构造凹地基本上都属于丘陵或丘陵-平原过渡地区，因此 A 和 B 都取 0.5。计算结果如表 3-5 所示。需要说明的是，由于进行构造反差强度的计算主要是为了分析反差强度与地质动力状态及矿井动力灾害之间的关系，也对新汶构造凹地(图 3-21)进行了计算，新汶构造凹地以冲击地压灾害为主。

表 3-5　构造凹地反差强度计算结果

矿区名称	高程差 Δh				宽度 Δl		$\frac{1}{\Delta l}$		反差强度 C	计算灾害程度	实际灾害程度
	经向/m	归一后	纬向/m	归一后	经向/km	纬向/km	经向归一后	纬向归一后			
阜新	690	0.84	720	0.77	66	30	0.23	1.00	0.88	严重	严重
南票	250	0.30	670	0.71	25	43	0.60	0.70	0.65	较严重	一般
鹤岗	780	0.95	940	1.00	325	240	0.05	0.13	0.57	较严重	较严重
新汶	820	1.00	440	0.47	36	45	0.41	0.67	0.84	严重	严重
淮南	200	0.33	15	0.02	15	80	1.00	0.38	0.67	严重	严重
鸡西	370	0.45	300	0.32	30	30	0.50	1.00	0.66	严重	严重

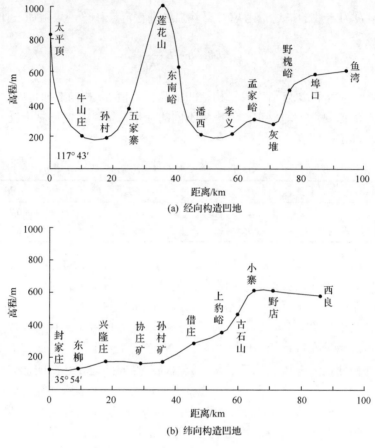

图 3-21　新汶构造凹地剖面图

　　由上述归一化定量计算方法得知，$C \in [0,1]$。计算结果表明 6 个构造凹地的 C 值都大于 0.5。构造凹地反差强度从大到小依次为阜新构造凹地、新汶构造凹地、鸡西构造凹地、淮南构造凹地、南票构造凹地和鹤岗构造凹地。从以上各个构造凹地的矿井动力灾害来看，阜新构造凹地有 3 个冲击地压矿井和 2 个突出矿井，新汶构造凹地的华丰矿、孙村矿等 5 个冲击地压矿井，淮南构造凹地的 9 对矿井全部为突出矿井，鸡西构造凹地的滴道矿为严重突出矿井，南票构造凹地 3 家子矿为突出矿井，鹤岗构造凹地有 3 对突出矿井和 2 对冲击地压矿井，其中阜新、新汶、鸡西和淮南 4 个构造凹地的矿井动力灾害非常严重，鹤岗构造凹地的矿井动力灾害也相对较为严重，南票构造凹地的动力灾害相对较轻。从构造反差强度和动力灾害的严重程度来看，阜新构造凹地、新汶构造凹地、鸡西构造凹地和鹤岗构造凹地的反差强度与动力灾害的严重程度具有良好的对应关系。另外，位于南票构造凹地的南票矿区煤炭产量较小（2Mt/a 左右）。

根据以上计算结果，当构造凹地反差强度 $C \geqslant 0.66$ 时，可以判断其具有发生严重动力灾害的条件。

3.5.2 煤与瓦斯突出危险性评价

通过以上分析，可以初步得出如下结论，构造凹地的反差强度能够较好地描述构造凹地的地质动力状态，反差强度越高，地质动力状态也越活跃。

可以根据构造凹地对煤与瓦斯突出危险性做出总体的判断：①构造凹地的存在反映了矿区或井田具有产生煤与瓦斯突出等矿井动力灾害的地质动力状态背景，即煤与瓦斯突出矿区(井田)能够积累达到煤岩体发生失稳的能量；②构造凹地的反差强度能够较好地表现出构造凹地的地质动力状态，因此对于构造凹地发生煤与瓦斯突出等矿井动力灾害的危险程度可以通过反差强度做出初步的判断。

据上所述，为了评估矿区一定范围内的煤与瓦斯突出的危险性，需为每一矿区确定地貌的最大、最小与平均高程。位于地貌高程平均水平以上区域的煤与瓦斯突出危险性算作 III 级；位于地貌平均水平与最低高程之间区域的煤与瓦斯突出危险性算作 II 级；位于低于最小高程区域的煤与瓦斯突出危险性算作 I 级(图 3-22)，其煤与瓦斯突出危险性为 I 级＞ II 级＞ III 级。

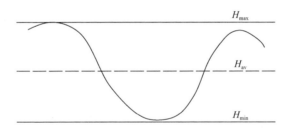

图 3-22 根据地貌确定矿区煤与瓦斯突出危险性示意图

H_{max}-最大高程；H_{min}-最小高程；H_{av}-平均高程

3.6 本 章 小 结

本章分析了煤与瓦斯突出矿区的地形地貌特征，提出了煤与瓦斯突出矿区的"构造凹地"的概念。从理论分析、解析计算和现场实测等方面研究了构造凹地的地质动力学状态。并分析构造凹地的地质动力学特征对煤与瓦斯突出的控制。最后提出了构造凹地反差强度的计算方法，对构造凹地的反差强度进行了计算，并与动力灾害危险程度进行了对比分析，基于此提出了根据地貌特征评估突出危险性的方法。具体结论如下：

(1)对煤与瓦斯突出矿区的地形地貌分析表明其具有凹地地形的特点，在此基础上提出了"构造凹地"的概念，即指在地形剖面上具有一定高程差异的地貌形态。

(2)通过理论分析、解析计算和现场实测，确定构造凹地地质动力状态总体表现为压性特征增强，具体表现为高水平应力和高水平差应力，地应力场为大地动力场。构造凹地总体上表现为一种封闭环境，形成了瓦斯赋存的良好环境。构造凹地的特征反映了两个方面，由于总体上压性应力状态，煤层区域性渗透率的下降；对于差应力的作用，则存在两个方面，有可能是使渗透率下降，或者是上升。

(3)提出的构造凹地反差强度计算方法能够较好地评估构造凹地的地质动力状态的活跃程度和矿井动力灾害危险程度，基于此点提出了根据地貌评价煤与瓦斯突出危险性的方法，可以从宏观层次上对煤与瓦斯突出的危险性做出判断。

第 4 章　地质构造对煤与瓦斯突出的控制

4.1　活动断裂对煤与瓦斯突出的控制

4.1.1　活动断裂的概念

Lawson 等在对 San Andreas 断裂和 1906 年 San Francisco 8.3 级地震的地震断层进行考察后,首次提出了"活动断裂"这一术语。不同的学者(华莱士、艾伦、松田时彦、丁国瑜、邓起东等)对活动断裂认识上的差异主要集中在活动断裂的时间上限问题,因此并不存在实质性问题。只要这些断层至今仍在活动,就可以叫活动断裂[159]。

基于地质动力灾害研究和预防及工程和城市安全保障的需要和现代地球动力学研究对最新活动构造的需求,自 20 世纪下半叶以来,活动构造学得到了极大的发展。尤其是最近 30 年来,我国的活动构造研究进入了定量研究阶段,已在全国多条主要活动构造带上获得了丰富的几何学和运动学定量数据[160-162]。在矿井动力灾害方面,巴杜金娜提出了基于板块构造学说的地质区划理论和方法,通过对活动断裂等的研究进行矿井动力灾害的预测。张宏伟等基于地质动力区划方法对我国北票、平顶山、淮南、阜新等具有矿井动力灾害的矿区的活动断裂进行了大量的研究。

4.1.2　区域性活动断裂对煤与瓦斯突出的控制

邓起东等对我国的活动断裂进行了大量的研究,其研究成果集中体现在《中国活动构造图(1∶400 万)》,图中共表示各类活动断裂 800 余条。根据活动断裂的特征,将大陆板块内部分为青藏、新疆、东北、华北、华南和南海 6 个活动断块区,每个断块区内又可划分为若干Ⅱ级断块。

东北断块内郯庐断裂带北段分支的依兰-伊通断裂是松辽-兴安块体和长白块体的分界线,1975 年海城地震发生在北西向断裂与这条边界带东侧相距约 20km 的一条北东向断裂的交汇处。依兰-伊通断裂由东、西两条相互平行的北东向断裂构成,断面总体外倾,向内对冲现象明显[163]。大兴安岭东缘新活动并不明显。区内也可分为数个Ⅱ级断块,块体或隆升,或下降,其间也受一些区域性断裂控制,但总体活动相对较弱[161]。

华北断块区新构造活动具有明显的分区、分带特征。华北聚煤区北部为阴山-

燕山断块隆起，整体来说活动构造比较简单。聚煤区南部与其北缘相比新活动弱得多，但其西段从宝鸡往东沿渭河地堑系及秦岭、华山北缘断裂带新活动强烈。东南大致沿着秦岭带和大别山山前断裂带，新构造活动在一些地段有所表现。鄂尔多斯盆地内部不存在明显的活动构造，显示出完整性和运动的一致性，新构造活动主要发生在盆地边界。太行山断块以隆起为特色。河淮块体是一个受北西西向断裂控制的断块拗陷，地震活动要比华北平原弱得多，北北东向活动断裂带具有明显的分段活动特征，区内北段营口-潍坊断裂为具张性的右旋正走滑断裂，南段沂沭断裂为右旋逆走滑断裂。华北地区内部的活动构造主要集中在裂陷盆地及其边缘地区。

华南断块西缘是一级新构造分区的中南段，从固原往南南西经天水过秦岭，经武都、平武、茂汶沿岷江一带到天全，是一条地震带。更南则沿安宁河、则木河、小江断裂带直到红河县，也是一条强震带。华南聚煤区的活动断裂和活动盆地主要分布于长江中下游和东南沿海区域，桂西滇东也有所分布，但活动不甚强烈，至于华南断块区内部的川贵湘赣断块内则无明显的现代差异构造活动。总的来说，华南断块区内构造活动相对较弱。

东北聚煤区的煤与瓦斯突出矿区主要分布在依兰-伊通断裂带和密山-敦化断裂两侧。依兰-伊通断裂带上的主要突出矿区包括营城和鹤岗。鸡西矿区则位于密山-敦化断裂带的西侧。七台河矿区位于北西向勃利-北安断裂的北部。与以上两个断裂相交的北西向广义松花江第二断裂系，包括扶余断裂、丰满断裂、富尔河断裂和崇善断裂，蛟河矿区位于丰满断裂的北部，和龙矿区位于富尔河断裂和古洞河断裂所夹持的范围内。辽源矿区位于东辽河断裂和辽河源断裂所夹持的区域内（图4-1）。

华北聚煤区的煤与瓦斯突出和活动断裂的关系如图4-2所示。华北聚煤区的煤与瓦斯突出主要分布在其北缘、西缘、南缘和太行山隆起带的两侧，从图4-2可以看到，几乎所有的煤与瓦斯突出矿区都位于活动断裂附近，如抚顺矿区位于章党-夹厂河断裂东侧，本溪矿区位于太子河活动断裂东侧，红阳矿区位于营口-佟二堡活动断裂东侧，包头矿区位于大青山山前断裂北侧。安阳、鹤壁矿区位于太行山山前断裂东侧。淮南矿区位于颍上-定远断裂北侧，固镇-怀远断裂西侧。部分活动断裂则直接从矿区内通过，如阜新矿区内的阜新-锦州断裂，北票矿区内的北票-朝阳断裂，开滦矿区内的唐山-丰南断裂等。

华南聚煤区的煤与瓦斯突出和活动断裂的关系如图4-3所示。华南聚煤区西缘是一条一级新构造分区的界线，龙门山断裂带是其中的重要活动断裂带，该断裂带于2008年5月12日发生了8.0级地震。龙门山矿区位于龙门山断裂带东侧，位于这一强烈活动带的煤与瓦斯突出矿区还有攀枝花矿区、祥云矿区等。华蓥山断裂带包括天府逆（冲）断裂和中梁山逆（冲）断裂，华蓥山、天府、中梁山、芙蓉、筠连等煤与瓦斯突出矿区位于华蓥山断裂带西侧。六枝矿区位于威宁-水城断裂西南侧。盘江、恩洪矿区位于弥勒-师宗断裂东侧。柳州矿区位于宜山-柳城断裂南侧。南丹-河池断裂通过红茂矿区。

华南聚煤区的北缘活动断裂小丹阳-南陵断裂位于芜铜矿区东侧。宣泾矿区位于江南断裂东南侧。宁镇矿区位于幕府山-焦山断裂、茅山断裂等三条断裂所围限的区域内。

从各聚煤区主要活动断裂和煤与瓦斯突出的关系来看,东北聚煤区、华北聚煤区煤与瓦斯突出和主要活动断裂具有良好的对应关系,华南聚煤区由于总体上活动性较弱,部分地区大规模的活动断裂比较少,如图 4-3 中湘南等地区,因此活动断裂和煤与瓦斯突出的关系需要进一步在大比例尺图中体现出来。

北票矿区位于华北聚煤区北缘(图 4-2),是我国煤与瓦斯突出最为严重的矿区之一,自 1951 年发生第一次突出以来已发生突出 2134 次,最大突出强度为 1894t/次,超过 1000t/次的突出有 9 次[100]。

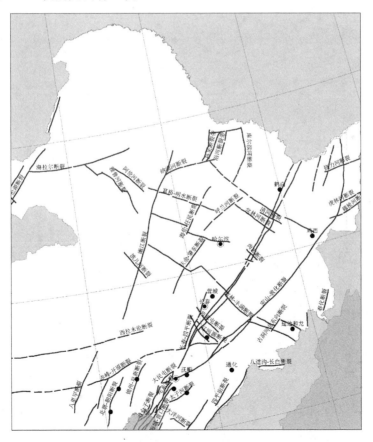

图 4-1 东北聚煤区的煤与瓦斯突出和活动断裂

图 4-2　华北聚煤区的煤与瓦斯突出和活动断裂

图 4-3　华南聚煤区的煤与瓦斯突出和活动断裂

北票-朝阳活动断裂从矿区内通过。该断裂长约 200km，是辽宁著名的逆掩断层和目前所见活动性最清楚的断裂。在地形上和卫片上，北票-朝阳断裂显示清晰的线性特征。从北票三宝到朝阳 50km 距离内，地表可见新断层就有 5 处，1983～1988 年在北票、桃花吐两处跨断裂的短水准高差测量表明，北票变化幅值为 0.78mm，桃花吐变化幅值为 0.60mm，变化速率分别为 0.11mm/a 和 0.008mm/a (图 4-4)[164]。

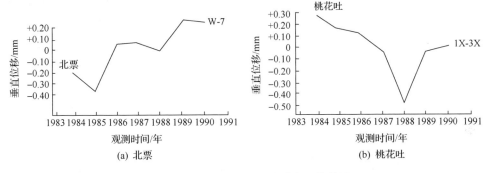

图 4-4　北票-朝阳断裂短水准年平均值图

北票-朝阳断裂产生的构造应力集中区，占据着部分台吉和冠山井田，台吉矿煤与瓦斯突出的最大密集区靠近北票断裂的影响区，冠山矿第一批动力现象发生在 190m 深处，也正好在断裂段"萌生"的范围内(图 4-5)[75]。因此北票断裂是矿井动力灾害的动力源，从宏观上控制了煤与瓦斯突出等动力灾害的显现区域。

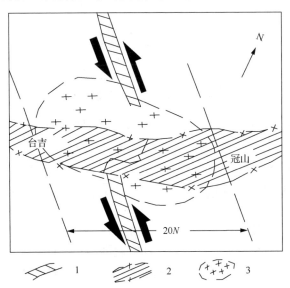

图 4-5　北票断裂构造应力区分布

1-北票断裂；2-井田；3-断裂影响区

　　红阳矿区位于郯庐断裂带北段西侧。对矿区具有重要影响的是抚顺-营口超岩圈活动断裂带与二界沟岩石圈断裂(图 4-6)，它们共同控制古近纪下辽河裂谷边界，至抚顺汇合为一条断裂带，向北东与敦化-密山断裂带相连。断裂带南段，即沈阳以南下辽河平原段落。石油勘探资料揭示它们控制断陷盆地边界，被北西向断裂切割成若干段落，断裂带的航磁、重力场均为密集梯度带。断裂带北段，即浑河段(又称浑河断裂)，断裂带地震频繁，营口 1859 年、1885 年发生两次 5 级地震，海城 1964 年发生 4 级地震和沈阳 1765 年发生 5.5 级地震，均为此断裂带近代活动的表现。

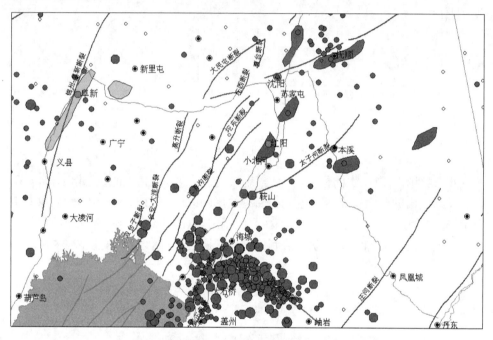

图 4-6　红阳矿区活动断裂分布图

　　红阳矿区及周边 1970 年 1 月 1 日至 2007 年 7 月 31 日 M_L3.0 级以上地震的空间位置-震级表明，该地区地震在不同深度上均有分布，地表之下 10～25km 的范围内较多，0～10km 范围内的地震也有 9 次(图 4-7)，由此表明红阳矿区所在区域具有较为活跃的地质动力状态，这一点是红阳矿区发生煤与瓦斯突出的地质动力基础。

　　区域性的活动断裂从宏观上对矿区或井田的地质动力状态具有重要影响，矿区或井田的煤与瓦斯突出危险性受到活动断裂的控制。活动断裂具有一定的影响范围，位于其影响范围内煤岩体在工程活动的扰动下可能发生煤与瓦斯突出等矿井动力灾害。

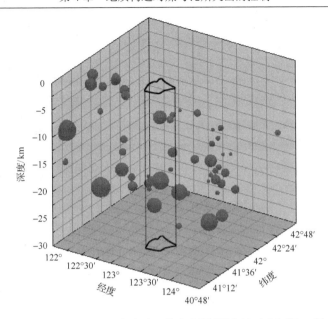

图 4-7 红阳三矿及周边地震三维分布图(图中标示为红阳三矿)

4.1.3 活动断裂对煤与瓦斯突出点的控制

从煤与瓦斯突出和活动断裂的统计分析来看,断裂带的规模越大、活动性越强,其对煤与瓦斯突出的影响也就越显著,突出的次数和强度相应将增大。

南票矿区位于羊山盆地东南侧,大地构造位置处于阴山东西向复杂构造带与大兴安岭-太行山北东向构造带交接部位的东缘,地层产状基本是北东-南西走向,倾向北西。矿区内 V-3 断裂沿下大窝铺西—大岭山—岭底下北一线分布,长3.7km,横穿三家子矿井田。野外地质调查工作中在上大窝铺、大岭山东等地点都观察到了断裂带的片断,是一条活动性较强的断裂(图 4-8)。

(a) 上大窝铺　　　　　　　　　　　(b) 大岭山东

图 4-8　V-3 断裂地貌表现

　　三家子矿自 2001 年 11 月 8 日以来，共发生三次煤与瓦斯突出，两次为七煤组，一次为六煤组。第一次发生于 2001 年 11 月 8 日–700m 副井车场(七煤组)。第二次发生于 2003 年 12 月 15 日西一区–650m 石门(七煤组)，放炮震动引发突出。第三次发生于 2004 年 6 月 22 日西一区–700m 石门(六煤组)。三次突出集中分布在一个区域内。西一区–700m 石门、–700m 副井车场两次突出距 V-3 断裂不超过 20m，最远处的西一区–650m 石门突出距 V-3 断裂大约为100m(图 4-9)。

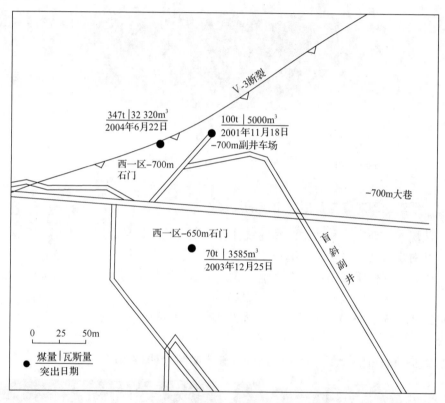

图 4-9　突出点与 V-3 断裂的关系

　　鹤壁矿区位于太行山东缘平原区，区内北北东向构造断裂活动十分剧烈。III-2 断裂位于鸡冠山区与华北平原(二级阶地与三级阶地)的交界区域，穿过鹤壁六矿井田，其延伸范围大，地表显现明显，活动性强。在 III-2 断裂影响区域内共发生突出 12 次，其中有 3 次突出煤在 120t 以上，且靠近 III-2 断裂的一侧突出强度大，而距 III-2 断裂较远的区域(图 4-10)，煤与瓦斯突出的强度也比较低。

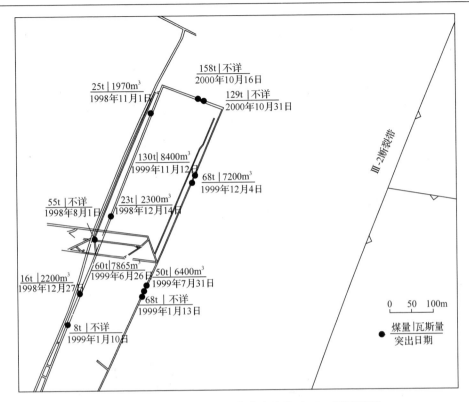

图 4-10　21101 采区煤与瓦斯突出点位于 Ⅲ -2 断裂附近

　　多条活动断裂的交汇部位导致煤与瓦斯突出的危险性增加。鹤壁六矿 Ⅳ -7、Ⅴ -3 和 Ⅴ -12 等活动断裂的交汇处共发生突出 9 次,其中有 3 次突出煤在 140t 以上,有 2 次突出发生在 Ⅳ -7 和 Ⅴ -3 断裂带的交汇部位;有 3 次突出发生在 Ⅳ -7 和 Ⅴ -12 断裂带的交汇部位;有 4 次突出发生于 Ⅴ -3 和 Ⅴ -12 断裂带之间。此区域发生的突出,主要是受 Ⅳ -7 断裂带的影响,其与 Ⅴ -3 和 Ⅴ -12 断裂带的交汇增加了煤与瓦斯突出的次数和强度(图 4-11)。鹤壁六矿已发生的 27 次突出中,有 23 次位于断裂带影响区或断裂带交汇部位,占 85.2%。

　　通过以上分析可以看出,煤与瓦斯突出的发生和活动断裂带规模及其活动性具有密切的联系。区域性的活动断裂从宏观上控制了煤与瓦斯突出矿区的地质动力学条件。煤与瓦斯突出多数位于断裂带附近,多个断裂带的交汇部位也是突出的多发地带。总体来看,突出的次数和强度与断裂的活动性具有正相关关系。断裂带活动性越强,其影响范围越大,其附近发生突出的次数更多,强度更大。

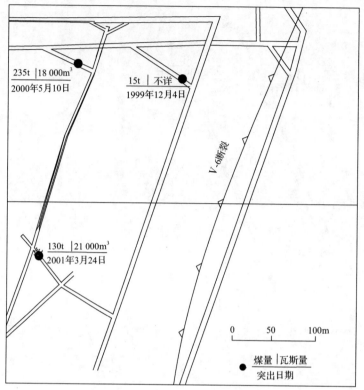

图 4-11　位于多个断裂交汇部位的煤与瓦斯突出

4.2　褶皱构造对煤与瓦斯突出的控制

4.2.1　煤与瓦斯突出矿区的褶皱构造

褶皱构造是岩层弯曲形成的构造。褶皱是岩层塑性变形的结果，是地壳中广泛发育的地质构造的基本形态之一。褶皱构造的基本类型主要有两种：背斜和向斜（图 4-12）。从成因上讲，褶皱主要是由构造运动形成的，它可能是由升降运动使岩层向上拱起和向下凹曲，但大多数是在水平运动下受到挤压而形成的，是一种未丧失岩层连续性的塑性变形，而且缩短了岩层的水平距离。

东北聚煤区鹤岗矿区为一开阔向斜，向斜两翼倾角平缓。鸡西矿区为近东西向规模较大的复式向斜，逆冲断层发育（图 4-13）。矿区主要有滴道河北背斜、三井向斜、九井背斜、穆棱矿向斜、梨树矿向斜及三六井背斜北东向褶曲，表现为两翼不对称，一翼陡，另一翼缓，陡翼逆断层发育。营城矿区为北北东向复式向斜，两翼倾角为 10°～15°，发育北北东向和北北西向正断层。蛟河矿区为一北北东向宽缓向斜，发育有北北东向、南北向和北西向正断层。辽源矿区为一轴向北北西的复式向斜，两翼倾角为 15°～25°，发育密集的北北西向和北东向正断层。

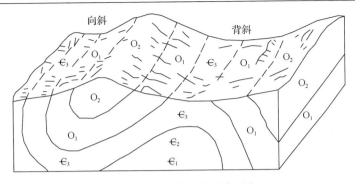

图 4-12　褶皱构造的基本形态

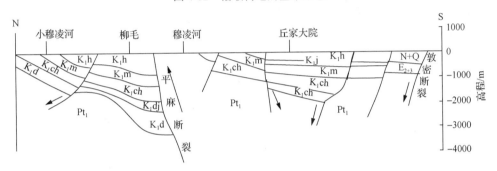

图 4-13　鸡西盆地构造样式图

图 4-14 为华北聚煤区褶皱构造和煤与瓦斯突出矿区分布关系。华北聚煤区北缘本溪煤田为近东西向不对称向斜，北翼缓、南翼陡至倒转，逆掩断层较发育，如大明山推覆构造。浑江煤田为轴向 NE50° 的复式向斜，南东翼较陡，北西翼较缓（25°～30°），两翼走向断层呈对冲态势，东南翼向北西（向斜轴部）逆掩的推覆构造发育，多处分布由震旦系和寒武系—奥陶系组成的飞来峰组。红阳矿区整体为北北东向不对称复向斜，次级非对称褶曲发育。阜新矿区整体为断陷型盆地，发育王营子、高德、海州等次级褶曲。大青山矿区呈轴向近东西的不对称复式褶皱，南翼断层发育，地层陡立甚至倒转，北翼倾角较陡，断层较少。兴隆煤田为轴向近东西、轴面向南倾斜的倒转向斜，向斜北翼倾角为 15°～30°，南翼全部倒转，倾角为 30°～50°。开平煤田主要构造为轴向 NE37°、平面呈"S"形的大型不对称复式向斜——开平向斜，其西北翼地层陡立至倒转，且发育数个与主向斜轴斜交的次级褶曲，如岭子背斜、西北井向斜、城子庄背斜等，断层则以压性-压扭性逆断层为主。东南翼地层平缓而多褶曲，自北而南有杜军庄背斜、黑鸭子向斜、吕家坨背斜、范各庄向斜、毕各庄向斜等，它们的轴向都与主向斜斜交呈一角度，构成了"边幕式"褶皱，地层倾角一般为 10°～15°，很少有大于 30° 者，断层一般多为高角度倾向或斜交正断层，以张-张扭性为主（图 4-15）。

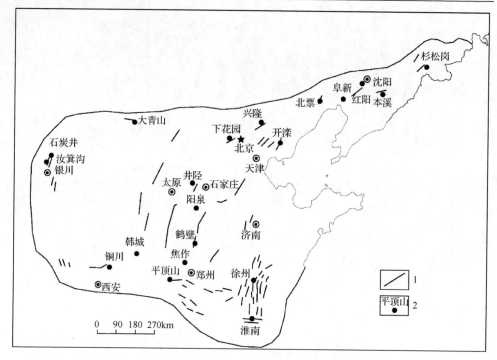

图 4-14　华北聚煤区主要褶皱构造和煤与瓦斯突出矿区
1-褶皱轴；2-突出矿区

华北聚煤区西部的桌子山矿区轴向南北的背斜、向斜及逆、逆掩断层较发育。石嘴山矿区为轴向北东的宽缓向斜，两翼倾角为 10°～30°，正、逆断层均有。

华南聚煤区大部分地区的煤系褶皱较发育(图 4-16)。以武汉—长沙—桂林一线为界，东西两侧的褶皱构造具有不同的特征。东部矿区褶皱构造的两翼不对称，褶皱西北翼倾角宽缓而开阔，东南翼倾角陡立甚至倒转。湘中及西北地区褶皱较强烈，煤系主要赋存于复式向斜或复式背斜的次级向斜中。含煤向斜一般西北翼缓而开阔，东南翼陡甚至倒转(图 4-17)；褶皱弯曲与挤压剧烈部位(如祁阳弧顶)断裂十分发育，几个大向斜之间形成一系列的断裂挤压带，组成叠瓦状构造，将向斜间的背斜严重破坏，并出现低角度的滑覆与推覆构造，如洞口、涟源、新化等县的凤冠山、渣渡、人和及石下江、卢毛江等矿区[165]。隆回—邵阳之间的广大地区，发育箱状褶曲、等斜褶曲与对冲断层的组合构造(图 4-18)。祁阳弧内侧，即邵东—五丰铺以东地区，亦存在向西突出的密集断裂带，绝大多数断层向东推掩滑覆，断面西倾，呈叠瓦状构造。

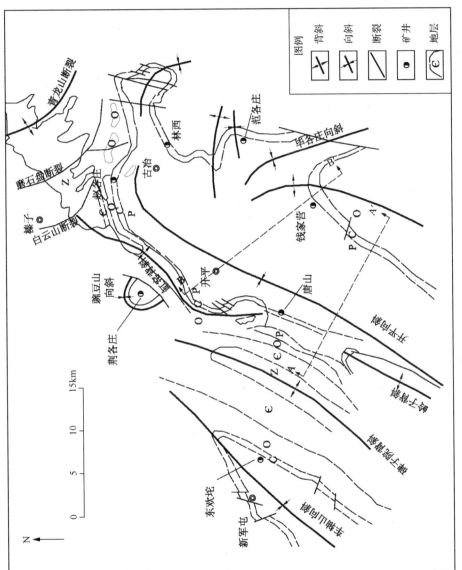

图4-15　开滦矿区地质构造略图

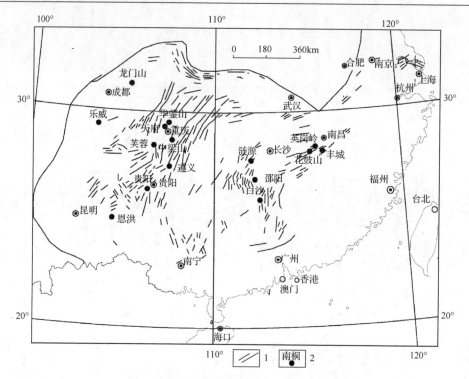

图 4-16　华南聚煤区褶皱构造分布示意图

1-褶皱轴；2-突出矿区

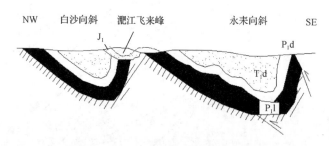

图 4-17　湘中南含煤盆地构造剖面示意图

　　鄂西的长阳、香炉山煤矿区，其龙潭组大多为北东东向的开阔褶皱、穹窿褶皱和箱状褶皱，局部为北东向紧密褶皱；断裂一般发育于褶皱转弯处和褶皱倾伏端。广西红茂、罗城、合山等矿区的寺门组、合山组多呈宽缓向斜，两翼倾角为5°～25°，北东向及北西向的正、逆断层皆有。

　　华南聚煤区西部的褶皱构造主要集中于川东—贵北地区，褶皱群南北向伸展800km，东西向伸展 350km。贵州及滇东地区褶皱构造广泛发育，褶皱连续、平缓而密集，局部轴向变化也较大，黔西以发育"隔槽式"褶皱为主，向斜两翼陡，背斜宽缓(图4-19)。

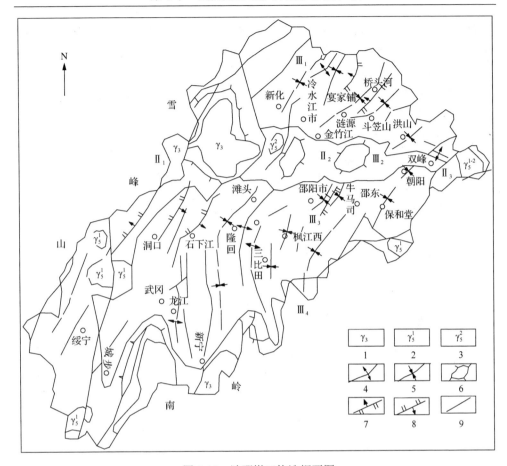

图 4-18　涟邵煤田构造纲要图

Ⅱ₁-白马山加里东褶皱带；Ⅱ₂-祁阳弧；Ⅱ₃-湘东燕山块段带；Ⅲ₁-涟源褶皱带，Ⅲ₂-龙山串珠状隆起带，
Ⅲ₃-邵阳褶皱带；Ⅲ₄-关帝庙串珠壮隆起带；1-加里东期花岗岩；2-印支期花岗岩；
3-燕山早期花岗岩；4-背斜；5-向斜；6-穹隆；7-逆断层；8-正断层；9-性质不明断层

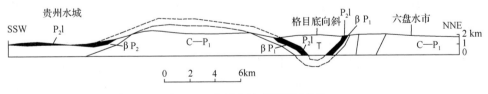

图 4-19　贵州水城矿区褶皱构造

　　川东发育北东向长条形隔挡式复式褶皱，背斜两翼陡(65°~75°)，向斜宽阔，
常呈雁形排列。在华蓥山矿区，煤田的构造形态为隔挡式褶皱，向斜轴部平缓而
开阔，变形甚微，而向斜翼部急剧倾斜，倾角达 70°~90°，甚至倒转(图 4-20)。
南桐矿区构造主要由两个一级背斜和两个一级向斜组成，还发育各级次级褶皱，
背斜紧闭尖棱，西翼陡立，东翼宽缓，轴面向东倾斜，向斜开阔呈箱状，在一级

背斜核部和西翼断裂较发育，在背斜东翼和向斜部位发育较少，主要有纵向逆断层、纵向正断层、斜交走滑断层和横向正断层 4 类，其中以纵向逆断层最为发育，并具先张后压特征。东南部永荣矿区为北东-南西向延伸、呈帚状分布的隔挡式小背斜，背斜陡翼往往有走向逆断层。天府矿区三叠系与侏罗系、上二叠统一起，组成短轴背斜、倒转背斜和脱顶背斜，背斜群呈"多"字形和"S"形构造。

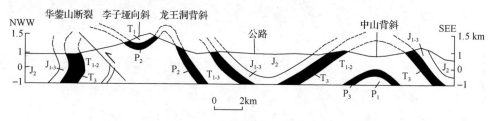

图 4-20　四川盆地华蓥山矿区褶皱构造

　　滇南、桂西南褶皱轴向北西，康滇为经向褶皱带，陕南至鄂东为北西西向和近东西向，构成"环边状"褶皱群[95]。滇中盆地呈南北向和北北西向，分布于云南北部和川南，如华坪、祥云、宝鼎等煤田和矿区，一般来讲，褶皱的西翼或西北翼构造复杂，东翼或东南翼构造较简单。

4.2.2　褶皱构造的形成机制

　　褶皱的形成机制与其受力方式、变形环境及岩层的变形行为密切相关。不同的形成机制在不同的条件下起作用，常见的有纵弯褶皱、横弯褶皱、剪切褶皱及流褶皱等。受顺层挤压应力作用导致岩层弯曲而形成的褶皱称为纵弯褶皱，其最大特征是岩层垂直轴向发生缩短。地壳水平运动是造成这类褶皱作用的主要条件，地壳中多数褶皱与这种褶皱作用有关，煤系褶皱多为纵弯褶皱。本节主要对纵弯褶皱的形成机制及相关变形特征进行分析。

　　岩石的弯曲变形可以用弯曲弹性梁的应力、应变情况来说明。岩层在弯矩 M 的作用下弯曲，以中性层为界，下部受拉应力作用，上部受压应力作用，并且拉应力或压应力离中性层越远越大，其最大值在远离中性层最远的上下边缘处（图 4-21）。在岩层本身弯曲（纯弯曲）所决定的应力状态中，最大和最小压应力（σ_1 和 σ_3）垂直或者平行于岩层表面（与位于中性层上、下有关），并垂直于褶曲轴，而中间应力应该平行于岩层面和褶曲轴。

　　煤层与顶底板等岩层组成多层岩系。多层岩系褶曲的应力和应变系统依赖于这个岩系的组成（图 4-22）[166]。总体上向斜构造的两翼与轴部中性层以上为高压区，中性层以下表现为拉张应力，形成相对低压区。煤层中的最大剪应力在向斜轴部最小，在翼部最大，并随煤层倾角的增加而增大；距向斜轴部越近，主应力及其梯度越大。

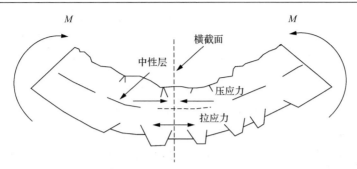

图 4-21　褶曲构造的力学示意图(以向斜构造为例)

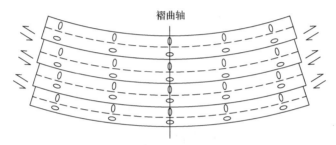

图 4-22　多层岩体弯曲滑动中,各层相对独立的应变系统

　　在褶皱作用过程中,岩层的弯曲往往通过顺层简单剪切作用来调节,这种顺层简单剪切作用有两种方式:弯曲滑动和弯曲流动(图 4-23)。前者指简单剪切在褶皱岩层中不连续分布,即剪切面之间具有一定厚度,这种作用主要发生在较刚性岩层并且不同岩性层被明显层面分隔的情况下。后者指简单剪切在褶皱岩层中连续分布,即这一作用发生在颗粒尺度上,并导致物质流动,这种作用大都发生在刚性层间塑性较大的岩层内(如泥岩、页岩、盐层、煤等)。

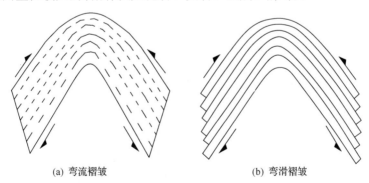

(a) 弯流褶皱　　　　　　　　　(b) 弯滑褶皱

图 4-23　弯流褶皱与弯滑褶皱

　　一般地,煤体的硬度低于围岩,因此在煤体-岩体系统中往往出现剪褶皱与弯褶皱共生,既煤体的原生层面遭劈理或流劈理破坏,进而发生塑性滑动,形成剪切褶曲,使其核部岩层厚于两翼,而岩层因其硬度较大,只产生节理,厚度不变,

成为等厚褶皱。煤层的滑动量与其厚度成正比。在同心褶曲形成时，岩层滑动量可由下式确定[167]：

$$v = \frac{\gamma d\pi}{180} \tag{4-1}$$

式中，v 为滑动量；γ 为岩层倾角；d 为岩层厚度。

　　根据式(4-1)，褶曲倾角变化越大，煤层层间滑动量也就越大，煤层越厚，层间滑动量也越大。因此不同形态的褶曲其变形程度和层间滑动量不同。一般认为隔槽式和隔挡式褶皱是在水平挤压作用下沉积盖层沿刚性基底上的较弱层滑脱变形或薄皮式滑脱的结果，隔槽式和隔挡式褶皱的共同特点是背斜和向斜的变形强度不同，前者向斜位置的变形强烈，后者背斜位置的变形强烈。非对称褶曲的两翼变形强度也具有明显的差异，褶曲陡翼的层间滑动大于缓翼，其差异的程度体现在二者倾角的差异上。

　　纵弯褶皱作用过程中，岩层间力学性质的差异在褶皱形成过程中起主导作用。岩层中的各向异性是褶皱形成的基础，而各向异性的物质在变形期间的失稳是导致褶皱形成的原因。如图 4-24 中上下岩层具有不同的硬度。如果在岩系的下部具有硬岩层，而上部具有软岩层，那么，所产生的褶曲倒转的偏转方向基本上与挤压力作用方向相同。当下部为软岩层而上部为硬岩层时，褶曲倒转的偏转方向与主动压力的方向相反。Biot[168]和 Ramberg[169]在 20 世纪 60 年代对岩层力学性质在纵弯褶皱形成过程中的作用进行了系统分析，提出了褶皱发育的初始波长理论，阐明了初始褶皱波长与岩层厚度和黏度反差的关系。在相同的轴向荷载作用下，软硬互层的弹性多层岩系比整体岩层更容易产生波长较短的屈曲，这就是在煤田构造中广泛发育中、小型褶曲构造的原因。

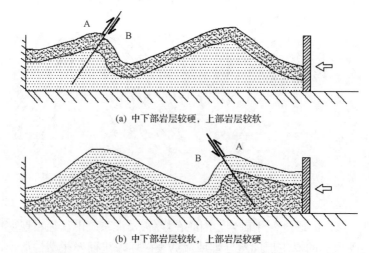

(a) 中下部岩层较硬，上部岩层较软

(b) 中下部岩层较软，上部岩层较硬

图 4-24　单向压力下褶曲的偏转方向与岩石强度的关系

4.2.3　褶皱构造对煤与瓦斯突出的控制

煤与瓦斯突出矿区以普遍发育褶皱构造为特征，并且褶皱构造具有一定的共性特征。例如，向斜和背斜一翼倾角陡立甚至倒转、一翼倾角平缓，或者表现为隔槽式或隔挡式褶皱。煤与瓦斯突出矿区的褶皱构造控制了煤与瓦斯突出的区域性分布和煤与瓦斯突出的强度。

煤与瓦斯突出矿区的褶皱构造具有非对称特征，造成了其次生构造也具有不同的特点。在非对称褶曲的两翼，其较陡翼以发育逆断层为主，倾角较缓一翼以发育正断层为主。褶皱构造的这一特征也控制了煤与瓦斯突出矿区突出矿井的区域性分布。例如，在开滦矿区，煤田的构造形态为非对称褶皱——开平向斜(图 4-25)。开平向斜北西翼倾角陡立，甚至倒转，东南翼倾角平缓。位于开平向斜构造两翼的各矿之间瓦斯含量和煤与瓦斯突出矿井分布具有截然不同的特征。向斜西翼倾角大，煤体结构破坏严重，鳞片状、粉末状构造煤发育，东翼倾角小，煤体结构破坏轻微。位于向斜西翼的马家沟矿、赵各庄矿为突出矿井，唐山矿为高瓦斯矿井(瓦斯含量为 $3.8\sim15.5\mathrm{m}^3/\mathrm{t}$)，其中马家沟矿发生瓦斯动力现象 50 多次，最大的一次突出共突出煤 255t，涌出瓦斯 $18000\mathrm{m}^3$。赵各庄发生瓦斯动力现象 19 次，最大一次突出煤 100t，涌出瓦斯 $3000\mathrm{m}^3$。而位于东翼的范各庄矿、荆各庄矿、东欢坨矿、钱家营矿等矿区瓦斯含量很低(瓦斯含量为 $0.15\sim1.69\mathrm{m}^3/\mathrm{t}$)，没有发生煤与瓦斯突出。

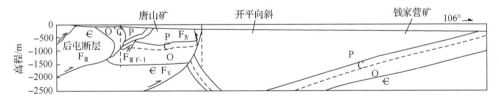

图 4-25　开平向斜剖面

平顶山矿区位于李口向斜西南部，矿区总体地质构造线展布方向与李口向斜平行(图 4-26)。矿区东部的八矿、十矿和十二矿以李口向斜、牛庄向斜等为主；中部的一矿、四矿和六矿主体为规模较小的断层；西部的五矿、七矿和十一矿主要为锅底山断层、九里山断层及中间地带的郝堂向斜等。对平顶山矿区煤与瓦斯突出的统计表明，突出具有区域性分布特征，表现为矿区东部的 3 对矿井为突出矿井，已发生突出 43 次，位于西部的矿井只有少数的突出显现，而位于中部的矿井基本上没有突出显现。总体上，平顶山矿区的煤与瓦斯突出宏观上受到向斜构造的控制[170]。平顶山矿区十二矿的 16101 工作面，在煤巷掘进中发生突出 11 次，占十二矿煤突出的 70%(图 4-27)。现场调查表明，煤体结构破坏类型以Ⅲ、Ⅳ为主，瓦斯压力为 1.45MPa 和 2.6MPa，瓦斯涌出量异常高[171]。

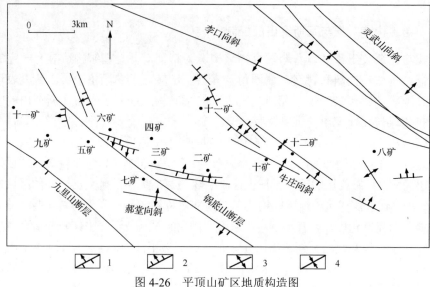

图 4-26　平顶山矿区地质构造图
1-正断层；2-逆断层；3-向斜；4-背斜

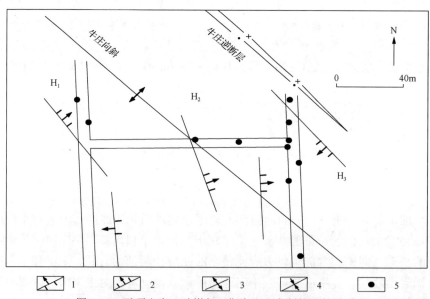

图 4-27　平顶山十二矿煤与瓦斯突出和向斜构造的关系
1-正断层；2-逆断层；3-向斜；4-背斜；5-突出点

　　鹤壁矿区位于华北拗陷和太行山隆起之间的过渡地带，以一系列北西西向张扭性逆冲断层和褶皱构造为主。矿区 44 次突出中有 26 次突出发生在褶曲轴部（向斜和背斜），且基本都发生在附近没有大断层或连通地表断层发育的封闭性褶曲内[172]。在红阳矿区，煤与瓦斯突出矿井也明显受到褶皱的控制。位于开阔向斜的红阳三矿仅发生过一次煤与瓦斯突出，而位于相邻紧闭背斜的红菱煤矿和西马煤矿，煤与瓦斯突出情况则十分严重。

在同一个矿井内，由于褶曲构造的形态不同，煤与瓦斯突出的显现也不相同。西马煤矿位于红阳煤田的南端，井田系一完整的不对称倾伏向斜。西马煤矿南一区南部的开阔向斜为一不协调褶皱。开采过程中向斜的轴部及北翼层间滑动十分强烈，煤层结构破坏严重，至今已发生突出 162 次，而北翼却没有发生过突出[99]。渣渡矿区利民煤矿井田南北两端为大量的褶皱构造，褶皱密度、褶皱幅度比较大，且多紧闭甚至倒转，井田中部褶皱不甚发育，一般比较宽缓；南北两端为不稳定、极不稳定煤层，井田中部为较稳定煤层；井田南端瓦斯压力为 1.9MPa，瓦斯含量为 19.72m³/t，北端瓦斯压力为 2.95MPa，瓦斯含量为 26m³/t；中部瓦斯压力为 0.39MPa，瓦斯含量为 11.26m³/t；井田南端煤层普氏系数为 0.06～0.22；北端为 0.17～0.41；中部为 0.56～0.59。井田南部褶皱带发生煤与瓦斯突出 60 次，北端褶皱带发生突出 128 次，中部除深部发生突出 4 次外，其余地区没有发生过突出[173]。袁家矿区浦溪井田位于袁家向斜北段偏南，褶曲轴为近南北向。浦溪井 70 多次突出中，35 次都集中在向、背斜轴部附近，不但突出次数多，而且突出强度大[174]。赣中徐府岭矿叠加褶皱造成的巨厚煤仓也是瓦斯突出的最危险地段，在 14、15 分层煤门附近就发生过 3 次重大的瓦斯突出（图 4-28）。

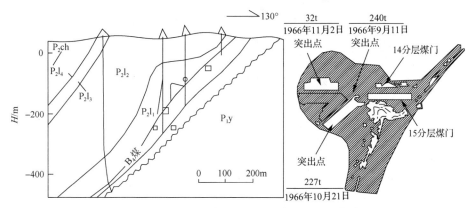

图 4-28　赣中高安徐府岭矿寄生型叠加褶皱[175]

P_1y-阳新灰岩；P_2l-乐平煤系；P_2ch-长兴灰岩

在淮北矿区，向斜构造控制煤层瓦斯分布基本状况。从宿东向斜的两翼过渡到轴部，8 号煤层瓦斯压力、瓦斯含量逐渐增大，煤与瓦斯突出也逐渐增多[176]。

4.3　推覆构造对煤与瓦斯突出的控制

4.3.1　煤与瓦斯突出矿区的推覆构造

推覆构造是大型低角度逆掩断层与大型重力滑动构造的统称，是地壳中广泛发育的构造类型之一[177]。19 世纪后期 Heim、Bertrand 等在研究阿尔卑斯山脉地质构造时提出了推覆构造的概念。随着板块构造学说的出现，对推覆构造的研究成为 20 世纪 70 年代以来构造地质学的一个重要课题。我国早在 20 世纪初在燕山和内蒙古中西部发现了逆冲推覆构造，之后，在北京西山和四川龙门山等地也发现了巨大推覆构造[178]。70 年代以来，马杏垣等对嵩山重力滑动构造及其伴生的逆冲断层的研究，推动了我国地质界对重力滑动、滑覆构造的深入研究。80 年代以来，我国一些地质学家，尤其是煤田地质学家，在马杏垣建立的重力滑动构造理论系统和研究思路的指导下，相继开展了重力滑动构造的研究。

　　推覆构造可以分为两类，即挤压推覆和滑覆。挤压推覆包括褶皱推覆和逆冲推覆，前者指由倒转平卧褶皱的下翼被拉薄和剪切发育逆掩断层而成的推覆[图 4-29(a)]；后者指外来岩席沿逆冲断裂运移，是未经过事先倒转褶皱作用的逆冲岩席[图 4-29(b)]。滑覆包括重力滑动和重力扩展，前者指岩层在重力作用的控制和影响下向下坡滑动形成的构造变动(图 4-30)；后者指地质体在自身重力作用下的屈服压扁和侧向扩展。

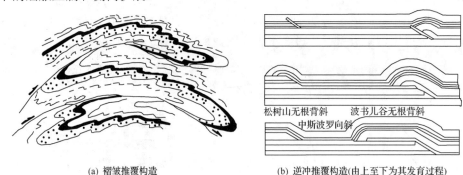

(a) 褶皱推覆构造　　　　　　　　　(b) 逆冲推覆构造(由上至下为其发育过程)

图 4-29　褶皱推覆构造和逆冲推覆构造

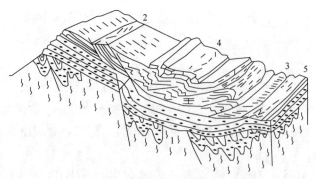

图 4-30　重力滑动构造结构要素[179]

1-下伏系统；2-润滑层；3-滑动面；4-滑动系统；5-外缘推挤带

　　对我国煤与瓦斯突出矿区的地质构造的分析表明，大多数矿区发育推覆构造和滑覆构造。图 4-31 为我国煤与瓦斯突出矿区和推覆构造的关系。

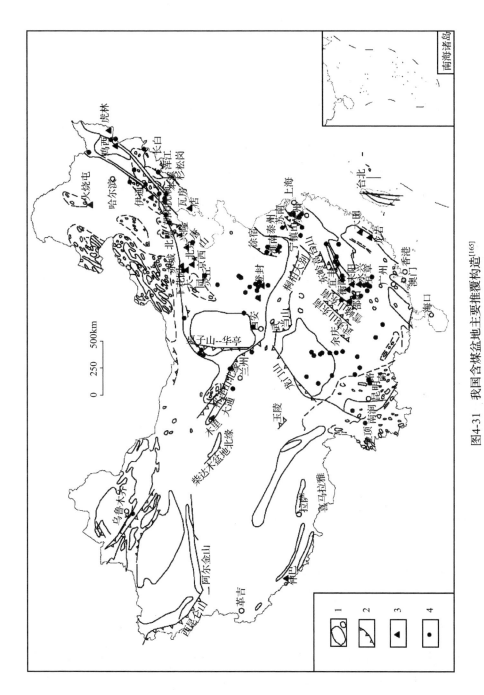

图4-31 我国含煤盆地主要推覆构造[165]

1-含煤盆地；2-大型推覆构造；3-小型推覆构造；4-煤与瓦斯突出矿区

在东北聚煤区的鸡西矿区和虎林矿区，发育规模较小的推覆构造。鸡西矿区的麻-平逆冲构造控制了矿区的地质构造。在伊通-依兰地堑带、敦化—密山一线分布有走向北北东—北东的推覆构造，这一地区的煤与瓦斯突出矿区包括营城、辽源、蛟河等。

华北板块与西伯利亚板块的缝合带，在大青山、下花园、兴隆、北票、抚顺、浑江、杉松岗等突出矿区，推覆构造十分发育。杉松岗矿区太古宇鞍山组向南东逆掩于杉松岗组煤系之上，推覆距离约10km，下侏罗统煤系与奥陶系亮甲山组灰岩构成产状近水平、多次重叠的推覆构造断片，局部出现飞来峰。杉松岗矿区中部，煤系与奥陶系灰岩4～6次重叠，总体组成平缓、开阔的向形构造，局部褶皱强烈。下花园矿区南北两侧各有一条走向近东西的由南向北推覆的大型逆掩断层（鸡鸣山及莲花山断层），分布于其间的向斜、背斜倒转，呈紧密排列、成组出现的褶皱群，同时伴有大小不等、角度多变的逆掩断层，褶皱轴向与逆掩断层的走向，多呈弧形或"S"形，层间滑动构造发育。北票矿区下侏罗统北票组为泥岩、砂岩、砾岩与煤层互层，含煤十多层，煤系构成轴向北角45°～70°、挤压褶皱发育的复向斜，有三个较大的倾伏和抬升，两翼倾角为23°～75°，走向断层及逆掩断层较发育，部分震旦系、北票组逆覆于上侏罗统、白垩系之上（图4-32）。

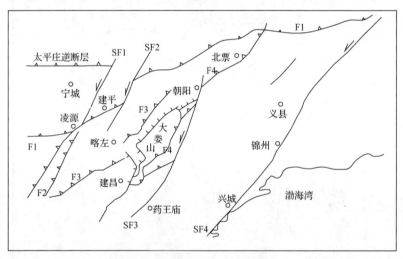

图 4-32　辽西地区构造系统略图

1-逆掩断层；2-推断逆掩断层；3-正滑断层；4-走滑断层；5-逆掩断层编号；6-走滑断层编号

华北聚煤区的西部，即鄂尔多斯盆地西缘，桌子山、汝箕沟、石炭井等煤与瓦斯突出矿区所在区域，存在近南北走向的桌子山-华亭大型推覆构造。桌子山-华亭推覆断裂带从磴口以南，经桌子山、碎石井、马家滩、甜水堡至平凉、华亭、陇县，宽50～150km、南北长达600km。断裂带由多条断裂面向西倾斜的大型逆掩断层组成,沿带广泛出现推覆现象和飞来峰。大断层在地表多表现为叠瓦状逆冲,深部断面逐渐变缓,如罗山—马家滩地区地震勘探揭示,深部沿石炭纪—二叠纪地层呈近水平产状的层面滑脱。据统计,整个剖面的收缩量为 40km,收缩率为 43%,重叠率为 75%[180]。断裂带内及其附近的煤田、煤系普遍呈轴向南北的褶皱,如碎石井矿区、王洼矿区。此区域的突出矿区包括华亭、石嘴山、六盘山等。

华北板块东南部的淮北、徐州煤田附近发育的徐淮弧形构造,由向西推覆的叠瓦状构造构成。矿区以低瓦斯矿井为主,局部受安徽宿州到徐州的弧形构造的影响,在弧顶处出现高瓦斯带,如徐州义安和张小楼两对高瓦斯矿井[181]。

位于华北板块与华南板块缝合带北缘的淮南煤田,发育近东西向的舜耕山推覆构造。南缘逆冲推覆构造东至灵璧-武店断裂,西至阜阳。煤田北部边界为高角度逆冲断裂带,走向北西西,由北向南叠置在淮南复向斜北翼煤系之上(图4-33、图4-34)。

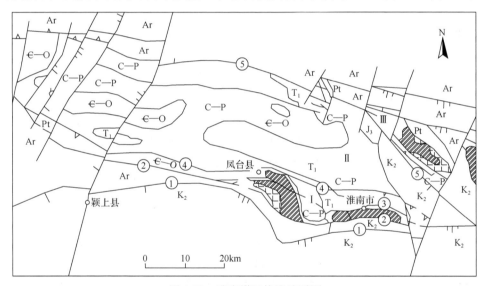

图 4-33　淮南煤田构造地质图
①寿县断裂;②阜李断裂;③舜耕山断裂;④阜凤断裂;⑤明龙山断裂;
I-八公山-舜耕山构造带;II-淮南扇形复向斜带;III-明龙山-上窑构造带

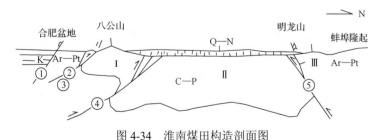

图 4-34　淮南煤田构造剖面图
①寿县断裂;②阜李断裂;③舜耕山断裂;④阜凤断裂;⑤明龙山断裂;
I-八公山-舜耕山构造带;II-淮南扇形复向斜带;III-明龙山-上窑构造带

　　华南盆地东部，大致沿江南古陆两侧，分布着走向北东的武陵山东南缘和雪峰山东南缘背向式推覆构造，以及北东东向的东岭-高台山推覆构造。湖南的涟源、邵阳、白沙，以及江西的萍乡、茶醴等煤与瓦斯突出矿区推覆构造较为发育。苏南地区广泛存在着宁镇、茅山、苏州宜兴等推覆构造。推覆体展布方向从南至北，由北东逐渐转为北东东，直至东西向。所有古生代及部分中生代地层，都卷入了这一构造，地层的水平长度几乎缩短了五分之二[182]。江西的推覆构造主要分布在北部萍乡地区，它们多数分布于隆起区与聚煤断陷或褶皱带的接合部位、聚煤断陷内次级构造隆起带或边缘地带，以及不同构造带的复合部位(图 4-35)。在萍乡矿区水口、青山、巨源井田一带，推覆构造发育，主要有青山推覆构造和巨源推覆构造。其中青山推覆构造的推覆体主要为茅口组的小江边泥灰岩，出露于青山井田 4、5 勘探线附近的见山冲、水口一带，隐伏在白垩系红层之下，延伸约 2500m，泥灰岩逆掩于安源煤系之上，其周围皆为断层接触，形成飞来峰构造；巨源推覆构造的推覆体为下二叠统茅口组上段灰岩，出露于巨源井田 15 勘探线至绿水河一带，延伸约 3500m，茅口组灰岩被推覆于安源组之上，形成山脊突起(图 4-36)。青山、巨源为煤与瓦斯突出矿井，自 1959 年青山煤矿发生第一次煤与瓦斯突出以来，至 2000 年底共发生突出 50 次。

　　在煤与瓦斯突出严重的湘西，发育一系列北北东向逆断层、逆掩断层，以及推覆、滑覆构造和复杂褶皱，煤系主要保存在向斜内和推覆、滑覆构造的原地系统。湘东、湘南地区构造特征与上述地区基本相同。湘南为一系列较为紧闭的线型褶曲，伴生较多的走向逆断层及正断层，推覆构造亦甚发育，如郴耒煤田斗岭矿区、白沙向斜的江头井、常宁冷水冲和肥江等地。

　　四川盆地西缘的龙门山断裂带是一条著名的中、新生代叠瓦式推覆构造带，北起广元，南达天全，长约 500km，宽约 30km，走向北东，与鄂尔多斯盆地西缘叠瓦冲断带共同构成我国东西构造区的分界线，同时也是西北与华北、西南与华南聚煤区的分界。推覆构造带由三条倾向北西的铲状主干断层构成。冲断作用始自印支期，持续到喜马拉雅期，自西北向东南背负式发展，被推覆体所覆盖的地层为侏罗系—白垩系，甚至有古近系[184]。

　　吉林浑江煤田区域构造为北东走向的褶皱系，由南东向北西依次为老岭复背斜、浑江复向斜、龙岗山复背斜。背斜处老地层裸露，向斜处保存了晚古生代及中生代含煤地层，重力滑动构造就寓于其中。浑江复向斜在剖面结构上显示下压上滑的双层结构特点(图 4-37)。下部发育在中晚元古代至晚古生代地层中，由 3 条逆冲断层和褶皱组成了压性构造系统，其上被上侏罗统不整合覆盖。

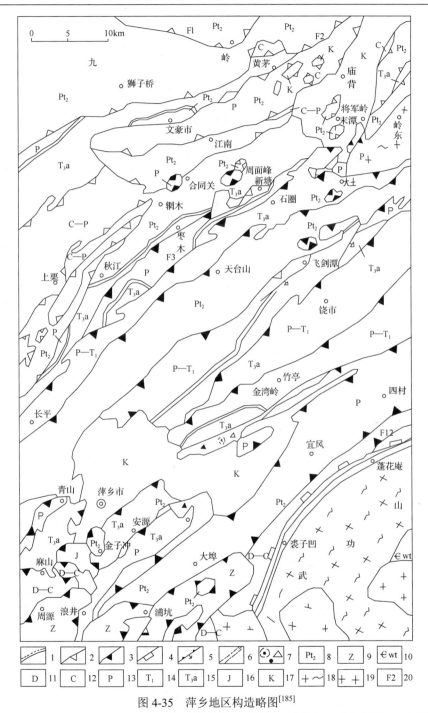

图 4-35　萍乡地区构造略图[185]

1-不整合界线；2-推覆断裂；3-滑覆断裂；4-剪切拆离断裂；5-逆断层；6-糜棱岩；7-硅化碎裂岩；8-中元古界；
9-震旦系；10-寒武系温汤岩组；11-泥盆系；12-石炭系；13-二叠系；14-下三叠统；15-上三叠统安源组；
16-侏罗系；17-白垩系；18-早古生代片麻状花岗岩；19-中生代花岗岩；20-断层编号

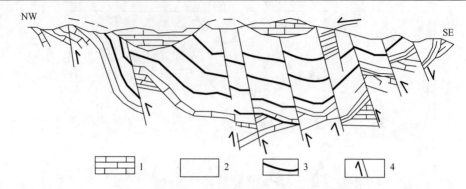

图 4-36　巨源井田逆掩断层形成的飞来峰[183]

1-下二叠统茅口灰岩；2-上三叠统安源煤系；3-煤层；4-逆断层

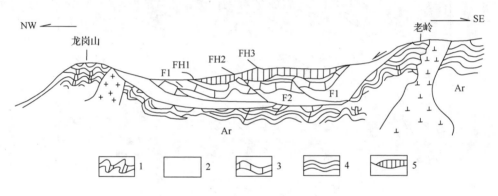

图 4-37　浑江滑动构造形成模式图[186]

1-基底变质岩；2-中新元古界；3-下古生界；4-上古生界煤系；5-滑片，层位为新元古界

　　豫西煤田构造格局的一个显著特征是众多不同规模、不同时代、不同类型的重力滑动构造广泛发育，构成一个密集分布的重力滑动构造区，缓倾角正断层使三叠系直接与山西组二$_1$煤层接触，断失地层近千米。在登封—芦店地区广泛发育的典型的重力滑脱构造，二叠纪煤系沿石炭纪地层组成的向斜顶面斜坡下滑（图 4-38）。这一区域的煤与瓦斯突出矿区包括鹤壁、郑州等。

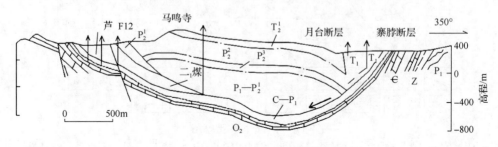

图 4-38　芦店滑动构造勘探线剖面[55]

4.3.2　推覆构造的形成机制

目前对推覆构造的演化模式和成因机制尚有不同的解释和认识，但根据构造地质营力的作用，大体上可划分为以构造挤压为主形成的构造样式和以重力作用为主形成的构造样式。因此对推覆构造的成因存在着两种观点，即侧向挤压说与重力说。

1）重力说

19 世纪晚期，欧洲地质学家陆续发现许多重力成因的推覆体，有些学者如Tpump 等提出了推覆构造的重力成因学说。后来又细分为重力滑动成因和重力扩展成因。重力滑动成因的推覆构造是指由于构造运动或地壳均衡作用，地壳的局部上升，而后又受到重力作用发生顺缓坡的长距离滑动而形成推覆体（图 4-39）。其底部滑动面是低角度正断层，而不是逆断层。尽管滑动表现为整体运动方式，推覆体内部构造部位基本上不发生相对运动，内部构造相对简单。但是重力滑动或重力扩展使推覆体与基盘岩石和围岩发生强烈的剪切作用，其内部出现岩层错乱、翻转，内部构造复杂化，出现叠瓦式褶皱。此类构造主要出现于造山带前缘，在山系内侧渐趋消失。重力扩展成因的推覆构造一般发生在塑性大的软岩层中，或是未固结的含水的沉积物，或是高温高压下粒间孔隙含水的已固结的软岩层，因受重力作用，发生扩展或流动。推覆体内部具明显剪切作用。

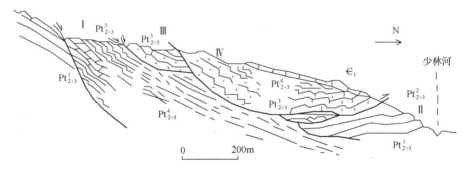

图 4-39　河南登封少林寺河南坡五佛山群重力滑动构造[179]

2）侧向挤压说

Heim、Bertrand 等认为，推覆构造是水平挤压形成的褶皱进一步发展的结果。推覆体之所以能沿低角度的断层面推移相当远的距离，主要是侧向挤压造成的。侧向挤压成因的推覆体又可分为冲断型、褶皱冲断型、滑脱型和基底缩短型四种类型。冲断型推覆体又称逆冲推覆体，由大型低角度冲断层和次级冲断层形成推覆构造。褶皱冲断型推覆体又称褶皱推覆体、平卧推覆体，Bertrand

和 Heim 等认为，推覆体是平卧褶皱下翼的剪脱作用造成的，岩层在强大的侧向挤压作用下形成平卧褶皱，继而倒转翼逐渐变薄以致被冲断，上翼逆掩到倒转翼之上，并推移相当远距离以后形成褶皱-冲断推覆体。滑脱型推覆体是指由于沉积盖层受到侧向挤压，顺着滑脱面发生运动，并相对于滑脱面以下的基础而单独变形，产生褶皱和断裂。产生滑脱型推覆体的前提是在大范围内存在一定厚度的软岩层（如蒸发岩）。基底缩短型推覆体是指基底和盖层受到侧向挤压一起发生变动。

　　对于挤压推覆来说，基本条件是挤压或推力足以克服底板摩擦力。重力滑动、重力扩展和挤压推覆三者的动力学模式对比如图 4-40 所示。重力滑动和重力扩展都是在重力作用下形成的，其中重力滑动必须有一个倾斜滑面，至少滑面的起始部位应具有与滑动方向一致的斜面，重力引起的下滑力足以克服底板摩擦力。一般情况下，重力滑动应有润滑层，并且层内要有一定孔隙压力。煤层一般较软弱，且由于瓦斯的存在而创造了孔隙压力条件，这也是滑动构造在煤系中往往比较发育的原因。重力扩展必须有一套厚度很大的塑性岩系，以便在重力作用下能够侧向扩展，导生的作用力足以克服滑面的摩擦力，倾斜滑面不是重力扩展的必要条件。对于挤压推覆来说，基本条件是挤压或推力足以克服底板摩擦力[178]。

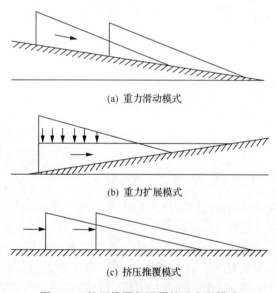

(a) 重力滑动模式

(b) 重力扩展模式

(c) 挤压推覆模式

图 4-40　挤压推覆与滑覆的动力学模式

　　推覆与滑覆两者共同的基本要素是滑脱拆离层，都是沿软弱面发生的，即一个以相对低的强度和高的剪切应变为特征的滑脱面或拆离层，常是一个断层或一个断裂系,分隔着上下应变特征和力学性质不同的两盘。逆掩面和滑动面具有相似性,Spencer[187]在其《地球构造导论》一书中把低角度冲断层和重力滑动放在同一章讨论,说明两者具有共性,陈焕疆指出"低角度的逆掩断层与重力滑动在某种程度上是难于区分"的意见[188]。对于推覆与滑覆的驱动力-构造力与重力而言,实际上两种地质营力是密切联系和不可分割的,构造作用必然引起地形起伏,从而派生重力形成滑覆构造。马杏垣和索书田指出,推覆构造不限于挤压构造体制,它们在伸展构造体制中甚至在转换构造中也能发生[179]。

推覆构造多发育于造山带及其前陆地区。一个大的推覆体,沿其逆冲方向可分为根带、中带和前锋带。挤压推覆的根带一般表现为强烈挤压,页理、小褶皱轴面和小断层等构造产状陡峻以至直立。自根带进入中带,断层常常分叉构成叠瓦扇和双重逆冲构造。应力状态以单剪为主,次级断层和褶皱产状相对稳定,倾向根带。在整个中带内近根带变形强,中部变形减弱,趋向峰带时又再度增强。峰带岩层倾角增大,包括邻近断层面的下伏岩系常形成两翼紧闭轴面陡立的小褶皱;岩石破碎强烈,有时形成碎裂岩带;构造定向性较根带明显,次级断层发育。重力滑动作用引起的滑覆变形,由根带到锋带,由拉伸转化为挤压,挤压强度趋向锋带增大。挤压推覆过程中的变形结构,主要表现为水平挤压引起的垂向伸长。重力滑覆中的变形结构,常常表现为垂向压扁。当前普遍认为重力作用是引起多数造山带中侧向运动的重要因素。造山带一旦隆起,重力滑动和重力扩张就会在侧向逆冲作用中发挥重要作用。重力作用和侧压作用是推覆体形成的两种基本作用,这两种因素在不同情况下作用各不相同,或以其一者为主,或共同活动。

逆冲推覆构造总有褶皱伴生,有时褶皱变形强烈而复杂。二者在几何学上具有相关性,在成因上具有统一性。在许多逆冲推覆构造带中,这种关系明显地表现为褶皱的倒向与逆冲方向的一致,以及变形强度的共同衰减。

4.4　构造控制煤与瓦斯突出的机制

4.4.1　煤与瓦斯突出动力源的构造控制

煤与瓦斯突出是地球内动力驱动地壳运动和开采扰动的共同作用所造成的结果,是煤岩体组成的力学变形系统在外界扰动下发生的动力破坏过程,其动力源是地壳运动过程中所存储的弹性能量。20 世纪 60 年代中期,南非的库克和苏联的霍多特分别提出了冲击地压和突出的能量理论[189,190],他们都认为突出或冲击地压的发生,是由于煤岩体破坏而导致矿体与围岩组织的变形,其力学系统平衡被破坏时,释放的能量大于所消耗的能量,剩余的能量转化为使煤岩抛出、围岩震动的动能。俄罗斯自然科学院院士佩图霍夫确定，围岩所产生的能量参与矿井动力灾害的形成，依据佩图霍夫的理论，参与突出和冲击地压的形成与显现的应当是"煤层-围岩"的整个系统，突出和冲击地压的产生是由于负载的施加速度超过了煤层内应力张弛速度的结果，其能量由煤层于破碎源积聚的弹性压缩能量和围岩内弹性变形能所构成。他还确定了煤层极限应力状态区里的应力不连续分布，煤层的变形主要是沿着天然裂隙和层理形成的。

任何活动断裂都具有动力影响区。地质观察结果表明，在任何一个断裂周围都存在高裂隙的区域。这说明在断层两盘位移时，部分应力的表现形式就是形成次级裂隙。换句话说，顺着活动断裂延伸都会有构造应力区和卸载区。断裂的影响区的宽度可由下式来评估，即 $b=10N$，其中 N 为沿断裂垂直的落差[75]。在高应力区内，岩体承受着较高的应力作用，积聚了大量的弹性变形能，部分岩体接近极限平衡状态。如若外部因素(工程活动)使其力学平衡状态破坏时，岩体内部的弹性能突然释放，就有可能导致煤与瓦斯突出等动力现象的发生。在高构造应力梯度区内，岩体所处的力学环境差异巨大，造成岩石明显的非均质特性。在岩石从低应力区向高应力区转化时，应力和变形模量，能以同数量级或更高的比例增长，从而会增大弹性波的通过速度等。在这些区域内，岩石的物理相态发生变化，煤与瓦斯突出等动力灾害的危险程度增大。

断裂活动控制的结果使得地壳中存在高应力积累的区域，这为煤与瓦斯突出发生创造了动力条件。当井下工程活动进入这一区域时，由于采掘应力的叠加作用，破坏了应力平衡状态，煤层和岩层中积累的弹性潜能突然得到释放。因此，活动断裂为煤与瓦斯突出提供了动力源，工程活动是煤与瓦斯突出的直接诱因。

活动断裂对煤与瓦斯突出、冲击地压等矿井动力灾害的控制作用使得这些灾害往往表现出强烈的区域性分布特征。以阜新矿区海州立井"2·14"瓦斯爆炸事故为例。2005 年 2 月 14 日 15：00 发生了由冲击地压引发的严重的瓦斯爆炸事故，事故发生地点为 3316 准备工作面的回风道，距 3316 外段风道开切眼30m 左右，顶板下沉 0.5m，底鼓 0.5～1.5m，波及巷道长度 16m，产生大量裂缝及瓦斯涌出。从图 4-41 看到，海州立井"2·14"冲击地压发生于 Ⅳ-2 断裂附近。Ⅳ-2 断裂具有较强的活动性，断裂带两侧存在构造应力异常区域。煤岩体受到扰动时，就有可能失稳，发生动力现象。事实上 Ⅳ-2 断裂带附近发生的冲击地压超过 12 次以上。活动断裂对于此区域应力状态的影响，是此区域冲击地压发生的基本因素和重要因素。

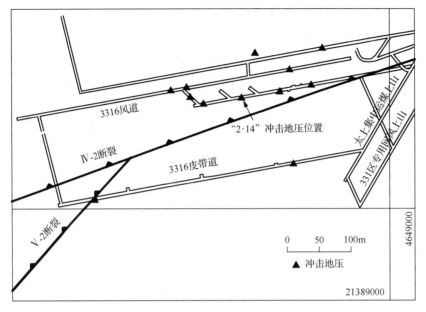

图 4-41　海州立井 331 区冲击地点与 IV -2、V -2 断裂的关系

4.4.2　煤体结构破坏的构造控制

对于煤与瓦斯突出矿区的构造进行的分析表明，煤与瓦斯突出矿区或井田以广泛发育褶皱构造和推覆构造为特征，且逆冲推覆构造常与褶皱构造伴生出现。例如，东北聚煤区的鸡西、浑江等矿区，华北聚煤区的杉松岗、本溪、抚顺、北票、兴隆、赤城、下花园、大青山、桌子山、鹤壁、淮南、徐宿、宁镇、开滦等矿区，华南聚煤区的龙门山、萍乐、郴耒、白沙、丰城、六枝、水城等矿区。褶皱构造和推覆构造空间分布上具有正相关关系。从褶皱构造的形成机制来看，褶皱构造尤其是纵弯褶皱构造的成因机制可以归结为水平挤压作用。对于挤压推覆和重力滑动，其前锋带皆为挤压作用。此外，形成重力滑动和重力扩展的前提条件是推覆体位能的增高，而推覆体的原始岩片位能的增高，则是侧向挤压作用的结果，因此推覆构造与褶皱构造在成因机制上具有统一性-挤压作用。

1) 煤体结构的层域破坏

煤与瓦斯突出矿区广泛发育的褶皱构造和推覆构造表明其经历了较为强烈的挤压作用。无论是褶皱构造形成过程中的弯滑作用和弯流作用，还是推覆构造形成过程中的低角度滑动，都对煤体产生广泛的压剪作用。作为煤系中强度相对较低的煤体，在这一作用下结构遭到破坏，煤体结构破坏呈层状分布。相反在褶皱构造和推覆构造不甚发育的矿区，煤层受到的压剪作用较弱，煤体结构遭受的破坏程度较轻。例如，褶皱构造强烈发育的南桐矿区的 4 号煤层和滑脱构造发育的鹤壁矿区的二₁煤层，强烈的层间滑动致使整个煤层的结构遭受破坏。而根据在平庄矿区六家煤矿、红庙煤矿井下考察，煤体结构表现为碎块状结构。

根据煤体结构在层间滑动作用下的破坏过程(图 4-42)，随煤体所经受的剪切作用的不断增强，煤体破坏程度越严重。因此，不同矿区挤压构造的发育程度不同，煤层经受的压剪作用也不同，煤体结构遭受破坏的程度也具有差异。此外，部分矿区在先期挤压推覆构造作用下，在后期伸展作用体制下又形成滑覆构造，对煤层形成二次甚至更多次的"碾轧"，煤体结构破坏更为剧烈。

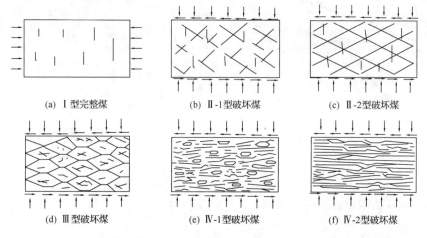

图 4-42　与层间滑动有关的破坏煤形成过程(以韧性较强的煤层为例)[191]

前已述及，褶皱构造形成过程中产生的层间滑动量与褶皱倾角和岩层厚度呈正相关关系。因此隔挡式、隔槽式及非对称式等褶皱由于不同部位应力应变状态不同，煤体结构的破坏程度也不同。简单来讲，煤层倾角变化越大，煤层经受的变形越强，煤体结构破坏越严重，这是煤与瓦斯突出分布区域性的原因之一。例如，在华蓥山煤田，煤田的构造形态为隔挡式褶皱，向斜轴部平缓而开阔，变形甚微，煤体为原生结构，而向斜翼部急剧倾斜，倾角达 70°～90°，甚至倒转。在轴-翼转折部位及其翼部，煤层破坏极其严重，轴部和翼部的煤体结构类型形成了鲜明的对比。

推覆构造自下而上变形趋于复杂，因此煤体结构的破坏也具有相似的特征，即上部煤体的变形程度较下部煤层强烈。

2) 煤体结构的面域破坏

煤体结构的面域破坏，主要是指煤层在结构面上的结构破坏。断层发育的地带是应力集中的区域，因此也是煤体结构破坏严重的地带。由于不同性质的断裂带其形成的力学机制具有差异，煤体结构破坏的类型和发育程度亦具有差异。各种不同力学性质的断裂所形成的断裂岩宏观变化模式如图 4-43 所示。断裂带煤体破坏结构类型和规模具有以下特征：①压剪作用下的煤体结构的破坏程度要远远大于拉张作用；②断层规模越大，其对煤体结构的影响范围也越大。

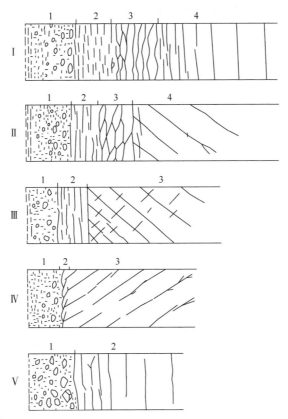

图 4-43　五种断裂构造岩带-显观构造型式示意模式[192]

Ⅰ-压性；Ⅱ-压扭性；Ⅲ-扭性；Ⅳ-张扭性；Ⅴ-张性。1-断层泥砾带；2-鳞片状挤压片理带；

3-平行型构造透镜体带；4-伴生密集节理带

　　在推覆构造和褶皱构造尤其是紧闭褶皱构造发育的矿区，压性结构面往往也比较发育，因此煤体结构的面域破坏也往往非常严重。根据前面的论述，在褶皱和推覆构造发育的矿区，次级构造中压性构造和张性构造共同发育。压性构造和张性构造在数量上的关系，则在不同的矿区和井田有不同的变化。例如，在湘南马田矿区，北西-南东方向的强烈挤压下北东向和北北东向的压性和压扭性构造极其发育，每平方千米的压性和压扭性断裂达 48 条之多。在鸡西矿区主要压性和压扭性断裂有 8 条，张性和张扭性断裂有 13 条。在非对称褶皱构造带，倾角较陡甚至倒转一翼往往发育压性构造，而倾角较缓一翼压性构造相对较小，如开平向斜的北西翼逆及逆冲断层发育，而南东翼以发育张性断层为主。煤体结构的面域破坏也同样具有差异性。

4.4.3　煤层瓦斯的构造控制

结构面应力状态的差异是影响瓦斯赋存的重要因素(图 4-44)。压性结构面总体上表现为封闭状态,阻止了瓦斯的逸散,具有良好的封堵作用,成为良好的瓦斯保存条件。张性结构面往往表现为开放状态,形成了瓦斯逸散的通道,有利于瓦斯的逸散,因而对瓦斯的保存不利。

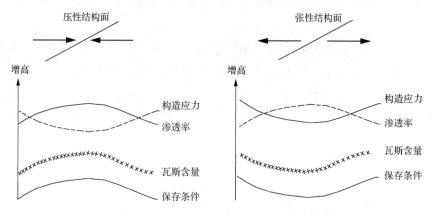

图 4-44　结构面应力状态与瓦斯赋存的关系

闭合而完整的背斜或穹窿构造并且覆盖不透气的地层是良好的储存瓦斯构造。向斜上部压缩增厚使得煤(岩)体中的裂隙和孔隙被压密、压实而闭合,阻止了下部瓦斯的向上逸散,减少瓦斯的渗流和扩散。向斜下部在引张作用下产生张性断裂或折裂面,煤体中的割理、节理、微孔隙得以扩张,空间的扩大降低了解吸压力,形成良好的瓦斯聚集空间,也有助于煤层中吸附瓦斯的解吸。另外,向斜部位上覆地层厚度较大,形成相对较好的盖层条件,也有利于瓦斯赋存。在向斜构造带,当地下水处于静态或动态平衡时,与瓦斯形成呈动态平衡的气液两相密闭界面[193],阻止瓦斯沿裂隙逸散。非对称褶皱倾角变化较大的一翼因其发育压性构造而对瓦斯具有良好的封闭作用,而倾角变化较小的一翼以发育张性构造为主,不利于瓦斯赋存。

推覆构造对瓦斯赋存的控制作用主要表现在使煤系上覆地层加厚、煤层产生形变,煤变质程度提高,上覆或下伏系统构造复杂化,产生次级褶曲和断裂,影响瓦斯的赋存和含量的分布。低角度的主滑断裂面(大多为逆断层或逆掩断层)往往构成较好的瓦斯封闭系统,对瓦斯的保存起一定的控制作用。此外,由于推覆构造和滑动构造的不同部位力学状态不同,因而产生不同的地质构造和瓦斯赋存效应。例如,在滑动构造的前锋,由于挤压作用而对瓦斯起到了保存作用,瓦斯含量相对较高;而在滑动构造的后端,由于张性作用而形成了瓦斯逸散的条件,瓦斯含量要相对降低。逆冲推覆构造及其派生的构造总体上表现为压性特征,这些具有压性特征的结构面形成了对煤层瓦斯系统的封闭作用。淮南矿区的推覆构造可以很好地说明推覆构造对瓦斯赋存的控制作用。在淮南矿区的推覆系统中（图 4-33，图 4-34），阜凤断裂向南倾斜，而明龙山断裂则向北倾斜，这样二者形成的倾斜方向相反的逆冲断裂组成的断块系统中，形成了对瓦斯良好的保存条件。

4.4.4　煤层渗透性的构造控制

煤层是裂隙-孔隙结构系统。煤层裂隙可以分为内生裂隙——割理和外生裂隙——构造裂隙。煤层割理是煤层中垂直层面分布的内生裂隙系统，是煤层经过干缩作用、煤化作用、岩化作用等各种过程形成的天然裂隙。构造裂隙是由于成煤期后地质构造作用形成的。煤层的割理和层理结构如图 4-45 所示。

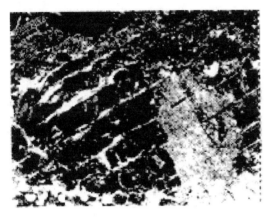
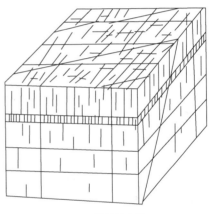

(a) 实体煤的剖面形态　　　　　　　　(b) 煤体结构素描

图 4-45　煤层的割理和层理结构

煤层的渗透率主要取决于煤层的裂隙特征，即煤层中裂隙的发育程度和开启程度。裂隙的发育程度取决于煤体结构，裂隙的开启程度取决于现代地应力场。构造对煤层渗透性的控制则主要体现在构造作用对煤层煤体原生结构的破坏程度，即渗透性的构造控制实质上就是构造对煤体结构破坏的控制程度。

前已述及，煤体结构的破坏可以分为层域和面域两个层次。煤体结构的层域破坏大量生成于煤系层间构造滑动，而层滑构造产生的地质背景则取决于矿区挤压构造的发育特征。挤压作用强烈的矿区，层滑构造大量分布，煤体结构破坏严重。而以拉张作用为主的矿区，煤体结构的破坏较为轻微。

煤体结构在面域层次上的破坏程度和规模要远弱于层域层次。在构造应力作用强烈的部位煤体破坏相对严重，这些构造应力集中的部位往往就是断裂带密集区、构造复合部位或大断裂附近，如在淮南矿区，在褶皱轴部和倾伏端及中小断裂密集带煤体结构多为粉末煤，相反在断层稀疏区则多为块煤，构造作用对煤体结构及裂隙系统的控制较为典型。

4.4.5　构造对煤与瓦斯突出的控制机制

从地质动力学的角度来考虑，活动断裂对煤与瓦斯突出具有控制作用，活动断裂的规模、活动方式和活动特征不同，其对煤与瓦斯突出的影响程度也不同。活动断裂提供了煤与瓦斯突出所需要的能量，即创造了煤与瓦斯突出发生的动力条件。构造区内突出危险性相对较大的部位是构造体系的复合部位、弧形构造的弧顶部位、多种构造体系的交汇部位、压扭性断裂所夹的断块，以及旋转构造的收敛端和断层的尖灭端等。

褶皱构造对煤与瓦斯突出的影响和控制主要体现在其对煤体结构和煤层瓦斯的控制作用。褶皱构造形成过程中的弯滑和弯流，以及次生的褶曲、断裂都对煤体产生了不同程度的破坏，降低了煤体的强度。褶皱构造对瓦斯赋存的控制主要体现在其压性体制下形成对瓦斯的封闭。

推覆构造对煤体结构的破坏源于其形成过程中的强烈挤压剪切作用。推覆构造及其次生的褶皱、层间滑动、压性断裂等都对煤体结构产生强烈的破坏，降低煤体的强度。推覆构造及其派生的构造总体上表现为压性特征，这些具有压性特征的结构面形成了对煤层瓦斯系统的封闭作用。

煤与瓦斯突出是在地应力、瓦斯参数和煤体结构及物理力学性质等综合影响和作用下的结果。活动断裂为煤与瓦斯突出的发生提供了动力源，是煤与瓦斯突出发生的动力条件。褶皱构造和推覆构造为煤与瓦斯突出提供了物质基础——瓦斯和低强度的煤体。

地质构造对煤与瓦斯突出具有控制作用，但这种控制作用不是绝对的和完全的。不是所有的构造带内都发生突出，不同的地质构造，同一地质构造的不同块段，对煤与瓦斯突出的控制作用是不同的，因此对于地质构造对煤与瓦斯突出控制需要在实践中针对具体情况进行具体分析。

4.5　本 章 小 结

本章从我国煤与瓦斯突出矿区的地质构造出发，分析了煤与瓦斯突出矿区的地质构造特征，基于地质构造的形成机制和空间分布特征的分析，进一步阐明了突出矿区地质构造的形成机制中的共性特征。同时分析了地质构造对煤体结构、瓦斯含量和煤层渗透性的控制作用。得出的结论如下：

（1）活动断裂和煤与瓦斯突出具有密切的关系。活动断裂从宏观上对煤与瓦斯突出的区域性分布具有控制作用。活动断裂的规模越大、活动性越强，其影响范围也就越大，对煤与瓦斯突出的影响也就越显著，突出的次数和强度将相应增大。多条活动断裂的交汇部位产生的叠加影响导致煤与瓦斯突出的危险性增加。断裂活动使得地壳中存在高应力积累的区域,这为煤与瓦斯突出的发生创造了动力条件。

(2)褶皱构造的形态不同,对煤与瓦斯突出的控制程度不同。褶皱构造的变形程度与煤与瓦斯突出呈正相关。非对称褶皱构造变形强烈的一翼是煤与瓦斯突出的重点区域,而倾角较缓的一翼突出的程度较弱,或者不发生突出。隔挡式或隔槽式褶皱,煤与瓦斯突出主要发生于其紧闭部位。

(3)逆冲推覆构造整体表现为挤压作用机制,形成较好的瓦斯赋存条件和广泛的煤体结构破坏。重力滑动构造的前缘是煤体结构破坏严重且有利瓦斯赋存的区域。褶皱和推覆构造形成过程中的压剪作用对煤体造成了剪切破坏。煤体结构破坏的层域分布受到区域褶皱作用和推覆作用的控制,而煤体结构的面域控制则与结构面形成的力学机制有关。褶皱构造和推覆构造为煤与瓦斯突出创造了物质条件——瓦斯和低强度的煤体。

第5章 构造演化对煤与瓦斯突出的控制

5.1 东北聚煤区构造演化对煤与瓦斯突出的控制

5.1.1 东北聚煤区的构造演化

显生宙以来，东北聚煤区的构造作用表现为前中生代古蒙古洋的俯冲消减及西伯利亚板块与华北板块的不断增生扩大以至碰接(古蒙古洋阶段)、三叠纪至早白垩世古太平洋俯冲消减和西太平洋古陆与古亚洲大陆东西会聚碰撞(古太平洋阶段)，以及早白垩世至第四纪西太平洋古陆的大规模裂解、沉没(今太平洋阶段)。对于东北聚煤区煤田形成及后期改造具有影响的主要是今太平洋构造演化阶段，仅在局部受到古太平洋构造演化的影响。

二叠纪末(250Ma)海西运动使西伯利亚板块与华北板块发生陆-陆碰撞，全区隆起遭受剥蚀。三叠纪中晚期的印支运动使得西太平洋古陆与古亚洲大陆东西会聚碰撞形成褶皱带，随着陆-陆碰撞产生的强烈挤压。晚侏罗世—白垩纪达到俯冲高峰期[95]。在背斜型隆起顶部的次级拉张作用下区内开始大规模裂陷作用，走向北北东的地堑、半地堑式断陷盆地成群出现。区内晚侏罗世—早白垩世聚煤作用大多发生在这样的盆地之中。

早白垩世，古太平洋板块消亡，本区进入今太平洋演化阶段。早白垩世早期本区表现为强烈的引张裂陷，是裂陷盆地主要形成和发育时期，沿密山-敦化断裂带发育鸡西、勃利等含煤盆地。郯庐断裂带在这个时期以左旋走滑活动为主。早白垩世中期沿郯庐断裂带北段发生强烈的裂谷作用，形成了依兰-伊通断裂带[194]。以上两个时期在东北聚煤区各矿区形成张性断层为主的构造形态。早白垩世晚期本区进入构造挤压和收缩变形阶段，区域挤压应力方向为北西-南东向。郯庐断裂带发生强烈的左旋走滑变形。沿依兰-伊通断裂带和密山-敦化断裂带的拉分盆地带发生构造反转，形成"反地堑"构造。三江-穆棱河盆地群发生正反转构造，在北西—北西西向挤压应力作用下，形成一系列北东—北北东向逆冲推覆构造和褶皱构造，如鸡西矿区的平-麻逆冲断层，松辽盆地由断陷盆地向挤压盆地转变，原先的大型正断层变为逆冲断层，并形成一系列浅层褶皱[195]。晚白垩世本区为伸展作用机制，晚白垩世之后本区东部发生强烈的南北向挤压逆冲作用，兴农-裴德断裂、勃-依断裂、滴道-黑台断裂、平-麻断裂等又一次重新活动。新生代以来，东北地区的应力体制主要为右旋走滑，三江-穆棱河地区在依兰-伊通和密山-敦化两大断裂的夹持下，发生拉分断陷，形成三江地区的新生代盆地格局。古近纪太平洋板块向东亚大陆边缘正向俯冲,在东北地区古近纪裂谷活动主要沿着北北东向佳-伊断裂、密山-敦化断裂发育,形成地堑式盆地。新近纪以来的喜马拉雅构造事件,使东部地区发生了东西向伸展作用,进一步加剧了新生代裂谷作用。

5.1.2　东北聚煤区的构造特征

在以上构造演化过程中,本区煤田表现出不同的构造特征。大部分煤田普遍发育张性正断层,表现为伸展构造,地层平缓,并呈地堑、地垒或阶梯状组合,褶皱平缓。

位于东北聚煤区西部的扎赉诺尔、伊敏、大雁、霍林河、白彦花、巴彦和硕等聚煤盆地均为北东—北北东向断裂控制下的断陷盆地,煤田构造简单,断层稀少,多呈向斜或波状起伏的单斜,受后期构造影响不大,伸展断层比较发育(图 5-1)。

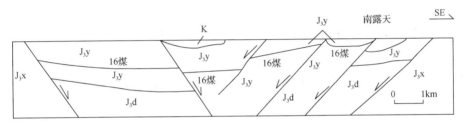

图 5-1　伊敏煤田构造样式图

K-白垩纪覆盖层;J_3y-伊敏组;J_3d-大磨拐图河组;J_3x-大兴安岭群火山岩系

位于大兴安岭隆起带南坡的元宝山-平庄煤田,褶皱多为挠曲作用形成的短轴形态,轴向北东,煤层倾角为 8°～14°,断层发育较少,多为正断层(图 5-2)。

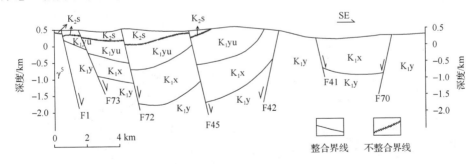

图 5-2　平庄盆地构造样式图[196]

本区东北部的三江—穆棱河地区,西起汤旺河断裂,东至密山-敦化断裂,包括鸡西、勃利、双鸭山、双桦、绥滨、集贤和鹤岗等十余个煤田,构造发育差异较大。西北部鹤岗、集贤等煤田,以北北东向构造为主,表现为开阔的向斜和稀疏的张性断裂,地层倾角增大(图 5-3),偶见逆断层(如鹤岗矿区发育两条规模较大的逆断层)。东南部双鸭山、勃利、鸡西煤田,后期挤压强烈,形变为近东西向复式向斜，规模较大，对煤田构造起控制作用的往往是逆冲断层。例如，鸡西煤田近东西向的平-麻逆冲断层，将煤田分割成南北两个向斜(图 4-2)；勃利煤田北东东—东西向叠瓦式逆冲断层落差可达 1000m 以上，局部地层倒转。

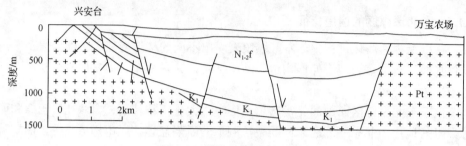

图 5-3　鹤岗盆地构造样式图

5.1.3　东北聚煤区的构造演化对煤与瓦斯突出的控制

从本区西部大兴安岭西侧的海拉尔、巴彦和硕、多伦含煤区逐渐向东至大兴安岭东侧、松辽盆地，最后至本区东部的郯庐断裂带两侧，地质构造和煤与瓦斯突出总体呈现出以下特点(图 5-4)：

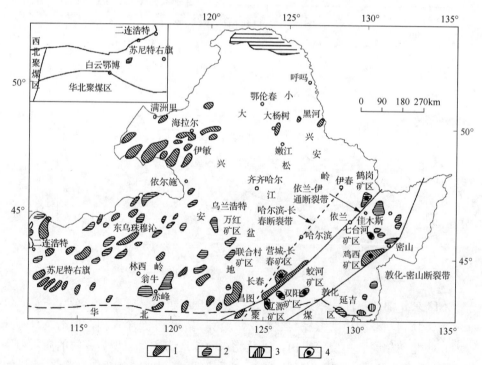

图 5-4　东北聚煤区含煤盆地及煤与瓦斯突出矿区分布

1-晚侏罗世—早白垩世煤田；2-早中侏罗世煤田；3-古近纪煤田；4-煤与瓦斯突出矿区

(1)本区绝大多数聚煤盆地构造简单,以张性正断层为主,构造总体保持了较为简单的形态。本区东北部如鹤岗、绥滨、集贤等煤田,与东北聚煤区其他煤田的构造样式相似,构造线方向仍以北北东向为主,表现为开阔的向斜和稀疏的张性断裂,地层倾角增大,局部出现逆断层。本区东部地区的构造样式则更多地表现为"收缩构造",后期挤压强烈,形变为近东西向复式向斜,地层褶皱强烈,倾角较陡甚至直立、倒转(双鸭山、双桦煤田),且有大规模的逆冲断层伴生。

(2)瓦斯含量逐渐增高,高瓦斯矿井和煤与瓦斯突出矿井也逐渐增多,突出强度也逐渐增大。本区西部大兴安岭隆起带西侧全部为低瓦斯矿井,仅在大兴安岭隆起带早中侏罗世煤田出现个别高瓦斯矿井,本区东部高瓦斯矿井逐步增多,如鹤岗矿区 9 对生产矿井中有 3 对煤与瓦斯突出矿井和 3 对高瓦斯矿井,鸡西矿区 15 对生产矿井中有 1 对突出矿井和 11 对高瓦斯矿井。

(3)煤体结构破坏程度相差较大。本区由于是在拉张环境下发生聚煤作用,后期虽经历数次构造反转,但未对本区煤体结构形成严重破坏,鹤岗矿区煤体结构破坏一般,本区东部鸡西矿区等推覆构造、逆断层发育地带煤体结构破坏严重。

(4)煤与瓦斯突出与活动构造断裂密切相关。鹤岗、鸡西、七台河、营城、辽源、蛟河等煤与瓦斯突出矿区集中分布在北北东向的敦化-密山、依兰-伊通断裂带,以及北西向的勃利-北安、丰满等断裂带的影响范围内。

本区含煤盆地的地质构造、瓦斯赋存、煤体结构等明显受到构造演化的控制。不同区域由于距板块活动带有差异,其地质构造具有明显的差异。由于本区东部位于板块构造活动的边缘,历次伸展与挤压构造运动对本区的影响都要比其他区域强烈。当西太平洋古陆与亚洲大陆碰撞时,三江—穆棱河地区首当其冲,所受挤压应力较其他地区强烈得多,发育逆及逆冲断层、推覆构造等,构造运动中的挤压作用更是决定了煤与瓦斯突出发生的位置和强度。断裂活动性也最为显著。敦化-密山断裂和依兰-伊通断裂是本区在进入滨太平洋活动阶段形成并继续活动的大型构造。敦化-密山断裂形成于三叠纪晚期或更早,于燕山期发生左旋滑动,最大断距在敦化一带达 240km[197]。依兰-伊通断裂在地表由两条主干断裂组成,形成宽 8~20km 的地堑式断裂带。在布格异常图上构成了重力场的分界线,两侧梯度较大。区域磁场表现为北东向的负磁异常,并明显地切割了两侧的磁异常。

本区总体上是在早白垩世早、中期强烈伸展裂陷作用下形成的含煤盆地,最早发育的是张性断层,在拉张作用过程中,煤层以发生脆性破坏为主,断裂两盘滑动过程中,对于煤体结构的破坏程度相对于挤压构造要弱得多。早白垩世晚期和晚白垩世之后的构造反转使含煤盆地构造复杂化,但对煤体结构的破坏有限。喜马拉雅期的伸展作用下,占据矿区构造主体的仍然是张性正断层。

从煤与瓦斯突出发生的多因素角度来讲,在影响煤与瓦斯突出发生的各个因素中,在本区占据主要地位的应该是活动断裂,而煤体结构总的来说在全区变化不大。鸡西矿区发育推覆构造,属本区的特例。

5.2　华北聚煤区构造演化对煤与瓦斯突出的控制

5.2.1　华北聚煤区的构造演化

元古华北板块是太古代—早元古代古陆核增生、联合而成的我国境内面积最大、年龄最古老的一个大陆岩石圈板块，其范围与华北聚煤区大体相当。中晚元古代元古华北板块的主体部分经历了比较稳定的构造演化，在晋宁运动(850Ma)中与扬子板块等拼合成统一的古中国板块。早寒武世末期北秦岭地区裂解形成洋盆，并与北祁连洋盆贯通，此时古中国板块分解，华北板块形成[198]。晚古生代，华北板块北缘的古蒙古洋向南俯冲，对华北聚煤区影响不大，华北板块内部挤压应力松弛。

从中石炭世开始，华北板块整体下降成为巨型沉积盆地，聚煤作用广泛发生，形成了统一的华北聚煤盆地。早二叠世早期，西伯利亚板块与华北板块之间的蒙古洋逐渐闭合，板块俯冲加剧，由北向南的强大挤压使华北巨型盆地在北部上升成陆。二叠纪末，古蒙古洋最终封闭，华北板块与西伯利亚板块碰撞，其影响波及北京西山地区[199]。

三叠纪印支运动开始活动，三叠纪末华北板块与华南板块的陆陆碰撞最终"焊合"，形成秦岭-大别造山带。这场运动是中国大陆一次"向心式"的汇聚作用，地壳产生南北向收缩，盖层广泛褶皱。陆内造山作用有所增强，太行隆起、吕梁隆起逐渐形成。先期存在的郯庐断裂带、鄂尔多斯西缘断裂带重新活动，新的太行山断裂、紫荆关断裂产生。

侏罗纪—早白垩世的燕山运动源于欧亚大陆板块与古太平洋板块和冈底斯-印支板块之间强烈的相互作用。这一时期已结合为一体的西伯利亚、华北、华南板块间北西-南东向的陆内压缩，形成强烈的陆内造山作用，由西至东，表现为鄂尔多斯沉降带与太行隆起带、华北沉降带与胶辽隆起带。大体以太行山为界，东部成为活动大陆边缘，总体呈背斜型隆起带，构造与岩浆活动强烈；西部则为大型拗陷盆地，除贺兰山-六盘山叠瓦逆冲带外，构造变形相对较弱。聚煤区周缘的褶皱构造和推覆构造主要形成于这一时期。推覆构造主要分布于华北聚煤区南缘、北缘和西缘，由外侧向内部逐渐减弱。

随着晚白垩世雅鲁藏布江洋盆的逐渐萎缩并于晚白垩世末消亡，始新世晚期印度板块以近南北向向欧亚板块碰撞，太平洋板块由北北西向转变为北西西向运动，进入喜马拉雅演化阶段。华北聚煤区西部受到来自印度板块的挤压，西部形成鄂尔多斯周缘地堑式断陷盆地(图 5-5)，东部伸展裂陷形成渤海-华北盆地，并发生较为强烈的岩浆活动。

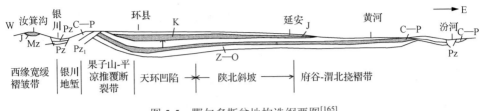

图 5-5　鄂尔多斯盆地构造纲要图[165]

华北聚煤区总体上经历印支期的南北向挤压、燕山期的北西-南东向挤压和喜马拉雅期的拉张，聚煤区褶皱构造、推覆构造和滑动构造是中生代以来构造演化的结果。

5.2.2　华北聚煤区的构造特征

位于华北板块西部的鄂尔多斯盆地在古生代以来是一个长期稳定的地块，基本上保持了原始近南北向的向斜盆地特点。盆地西缘中生代产生大规模挤压褶皱和逆冲推覆构造；新生代发生区域右旋扭动，形成银川地堑和六盘山弧形构造带，逆冲带表现为扭压冲断或者扭裂冲断。煤田多赋存于南北向或北北东向宽缓向斜之中，一般向斜西翼较陡，东翼较缓，背斜轴部常有走向断裂通过，多为西倾逆断层。煤田构造走向总体呈北北东、南北、北北西向，以挤压褶皱、逆冲断层的发育为特征，仅有少量正断层发育(图 5-6)。

图 5-6　贺兰山煤田北部构造样式图

华北聚煤区南缘经历了中生代的挤压隆起和新生代的拉张断陷，构造变形相对较为复杂，且由盆内向边缘逐渐加强。西部华亭煤田赋存于北西向的复式向斜内，并以北西向的逆断层发育为特征。其中，侏罗纪煤田主要发育宽缓褶皱构造，构造线方向由西向东，由近东西向逐渐偏转为北东向；石炭纪—二叠纪煤田以正断层和逆断层发育为特征，构造线方向由西向东，由以近东西向为主逐渐转为北东、北北东向为主。鄂尔多斯东缘各煤田地层总体向盆内倾斜，倾角平缓，构造简单，断裂不发育。

华北聚煤区北缘大青山—狼山一带煤田构造变形复杂，以近东西向的褶皱和逆冲断裂为特点。

华北板块南缘的郑州、郯城一线以南地区，中生代以来主要经历了前期的强烈挤压收缩变形和后期的拉张伸展变形，煤田构造复杂。豫南煤田至淮南煤田及其以南的北淮阳地区，构造变形以早期的挤压收缩和后期的伸展变形为特征。挤压褶皱和逆冲推覆构造的走向由北西向为主转为近东西向为主，并被北东、北北东向正断层切割(图4-34)。徐宿煤田以徐宿弧形逆冲推覆构造的发育为特征，其主体为一系列由南东东向北西西推覆的断片及其伴生的一套平卧、斜歪、紧闭线形褶皱，并为后期裂陷作用、重力滑动作用及挤压作用叠加而更加复杂化，表现出断褶特征[200]。

位于吕梁山以东、燕山以南、郑州以北地区的冀鲁豫地区经历了印支期的微弱南北向挤压、燕山期的较为强烈的北西-南东向挤压和喜马拉雅期的拉张裂陷作用，形成由高角度正断层控制的块断式构造(图5-7)。各煤矿区挤压构造多为近东西向、北东向的宽缓褶皱，逆断层少见；拉张构造多为北东向、北北东向的正断层，东西向、北西向的正断层较少。

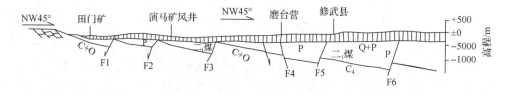

图 5-7   焦作田门-修武构造示意图

F1-李庄断层；F2-九里山断层；F3-马坊泉断层；F4-凤凰岭断层；F5-恩村断层；F6-董村断层

华北板块北缘中生代以来主要经历了前期的强烈挤压收缩和后期的拉张断陷变形，该区各煤田以挤压型褶皱、逆断层和逆冲推覆构造的发育为特征。挤压型构造走向以近东西向、北东向和北北东向为主，逆冲断层往往组成叠瓦式构造，褶皱往往比较紧闭甚至倒转。此外，各煤田还不同程度地发育一些拉张型构造，以北东向、北北东向的高角度正断层为主，对煤系赋存具有一定的破坏作用。本区岩浆作用广泛而强烈，使煤系遭受破坏，并使煤层发生接触变质，局部形成贫煤、无烟煤等高变质煤。

5.2.3 华北聚煤区的构造演化对煤与瓦斯突出的控制

从本区含煤盆地的形成及其演化过程来看，地质构造和煤与瓦斯突出总体呈现出以下特点：

(1)中生代挤压、新生代拉张体制下煤田构造变形强烈。在中生代挤压体制下，盆地周缘以发育挤压型褶皱、逆断层和逆冲推覆构造为特征，拉张型构造较少。吕梁山以东、燕山以南、郑州以北地区，中生代发生挤压隆起，新生代拉张断陷，太行山东侧、徐淮等地区以发育重力滑动为特征，总体上煤田构造变形剧烈。由于华北聚煤区为一稳定地台区，在中生代以来的挤压和新生代的拉张体制作用下，含煤盆地的挤压构造主要发育于聚煤区周缘，构造变形向聚煤区内部逐渐变弱。

(2)煤层瓦斯含量和煤体结构破坏特征。本区总体上经历了中生代挤压作用和新生代拉张作用，尤其是聚煤区周缘挤压构造强烈发育，向聚煤区内部逐渐减弱。部分地区发育滑动构造。总体上挤压构造形成过程中煤体结构遭受较为强烈的剪切破坏，后期滑动构造亦对煤体形成了严重的剪切破坏作用。瓦斯含量的分布与煤体结构的分布大致相当。华北聚煤区煤层瓦斯含量特征、煤体结构破坏宏观上与挤压褶皱、逆冲推覆和重力滑动等构造的分布具有良好的一致性。

(3)华北聚煤区的煤与瓦斯突出在空间上的分布具有非常明显的区域性特征。位于聚煤区北缘、西缘和南缘是煤与瓦斯突出集中分布的地带，区内的太行山隆起带两侧也存在若干突出矿区(图 5-8)。

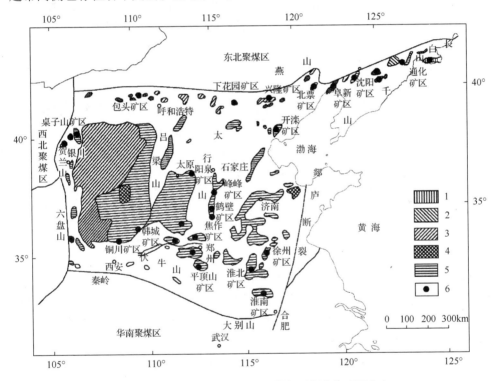

图 5-8　华北聚煤区含煤盆地及煤与瓦斯突出矿区分布

1-古近纪—新近纪煤田；2-晚侏罗世煤田；3-早中侏罗世煤田；4-晚三叠世煤田；
5-石炭纪—二叠纪煤田；6-煤与瓦斯突出矿区

华北聚煤区的煤与瓦斯突出与板块构造演化密切相关。印支、燕山构造运动的强烈挤压，板块边缘产生了强烈的变形，挤压作用由边缘至板块内部传递，变形强度逐渐减弱。板块边缘挤压构造发育，逐渐向板块内部过渡，挤压构造的规模和强度递减。后期滑动作用下对煤体结构形成了再次破坏，使得徐宿等部分地区煤体结构破坏更为严重，煤与瓦斯突出也非常严重。

　　本区煤与瓦斯突出包括两个类型，即挤压构造发育地区的以煤体结构为主要影响因素的突出和在张性构造为主的以活动断裂为主要影响因素的突出，前者包括了华北聚煤区周缘的大部分矿区和井田，后者如位于太行山西侧的晋城矿区寺河矿。

5.3　华南聚煤区构造演化对煤与瓦斯突出的控制

5.3.1　华南聚煤区的构造演化

　　震旦纪前南方大地构造演化主要是浙闽运动（1800Ma）形成的原始华夏陆块、小官河运动（1700Ma 前）形成的原始扬子陆块及两者间的原始华南洋的演化史，在上述古元古代末形成华夏及扬子刚性陆壳块体基础上，中元古代南方进入了板块构造演化体制。震旦纪以来的构造演化主要取决于扬子板块、华夏板块、华北板块、太平洋板块、印度板块及印支地块、越北地块、松潘地块等漂移、"开合"历史[201]。志留纪末的加里东运动（广西运动）使华夏板块和扬子板块形成统一的华南板块[201]，奠定了晚古生代陆表海演化的基础，并产生了一系列北东—北北东向的断裂构造和古隆起，控制了晚古生代构造演化的方向。

　　海西期—印支期，华南板块处于古特提斯洋与古太平洋之间。由于古特提斯洋和古太平洋正处于扩张阶段，华南板块普遍出现伸展构造体制，产生了广泛的晚二叠世聚煤作用。

　　晚三叠世，古特提斯洋封闭，古太平洋开始向亚洲大陆俯冲，华南板块由伸展体制转变为挤压体制，并在这一作用下整体北移。随着华南板块向北俯冲，华南板块与华北板块沿秦岭-大别-苏鲁造山带发生陆-陆碰撞，至三叠纪末全面碰撞拼贴成统一的欧亚板块。印支运动使华南板块形成了以秦岭-大别-胶南造山带、泸州-开江隆起、江南隆起带、武夷-云开隆起带为相对隆起区，其间为相对拗陷区的"大隆大拗"构造格局，江南隆起带以南的华南地区上古生界普遍褶皱及冲断，而江南隆起带以北的扬子区则整体抬升、遭受少量剥蚀，分别形成川、滇、赣、湘、粤晚三叠世聚煤盆地。印支期，在古太平洋板块俯冲和西太平洋古陆与亚洲大陆碰撞的过程中，区内晚古生代和早中生代煤系受到强烈挤压变形，线状褶皱发育，且伴随广泛的逆冲、推覆构造。

　　侏罗纪至早白垩世古太平洋板块北北西向快速向亚洲及中国东部大陆之下俯冲，南方盆地大致以合肥—长沙—钦州为界，东西分异明显[202]。东部形成北东向的沿海造山带，并在隆起背景上产生一系列北北东向的拗陷带，成为一系列小型陆相盆地，以较强的褶皱并发育逆掩断层为特征，构造运动主要表现为强烈的挤压冲断及大规模左旋走滑。西部以挤压收缩构造环境为主，发育四川盆地、楚雄盆地等。挤压力自东缘逐步向西缘传递，形成自东南向西北发展的背负式逆冲体系。

　　早白垩世晚期至古近纪，亚洲大陆东部区域古构造应力场由印支期—燕山期北西方向的挤压转变为东南方向的拉张，在华南聚煤区东部，引张、裂陷取代了原先的挤压与褶皱隆起，形成了大量的裂陷盆地，陆内出现新的滑脱构造。陈焕疆指出，川东发育的很多逆断层、逆掩断层很可能是雪峰、武陵等山体在晚白垩世以后不断上升而产生的大规模重力滑动的结果[188]。九岭山、武功山南北两侧，沿煤系等软弱岩层形成了广泛的重力滑覆构造。华南聚煤区西部处于持续挤压的状态，发育褶皱、逆及逆冲断层等。

5.3.2　华南聚煤区的构造特征

　　位于华南聚煤区西部地区的主要聚煤作用发生在晚二叠世中晚期、晚三叠世晚期和新近纪。包括黔西的六枝、盘县、水城、织金、纳雍，滇东的宣威、恩洪、圭山等，川东的华蓥山、中梁山、南桐、松藻到川南的古叙、芙蓉、筠连等，还有滇中和滇东地区。该区域自中生代以来，处于持续的挤压作用。区内各时代煤系、煤层均不同程度地发育褶皱及逆冲断层等收缩构造，正断层较少(图 5-9)。本区构造线方位在东部为北东—北北东向，西部为北西—北北西向，北缘因受大巴山弧形冲断带影响，构造线呈近东西向，并向四川盆地方向突出。古近纪以前的煤层均受到强烈的改造，形成时代越早，经历的构造运动越多，改造作用也越强烈，煤田构造也越复杂，煤变质程度一般达到中等变质烟煤或无烟煤阶段；新近纪含煤岩系基本保持原始沉积，且全为褐煤。从构造样式来讲，北部(川东南)以隔挡式为主(图 4-20)，南部(黔西北)以隔槽式为主(图 4-19)。

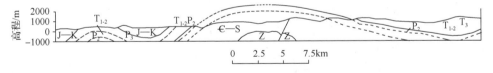

图 5-9　芙蓉矿区地质构造简图

　　湘西北、鄂南、皖南、赣北、苏南、浙西等地区，以晚二叠世(龙潭组)为主，早二叠世(梁山组)和晚三叠世也有局部分布。在中生代，本区位于太平洋西岸大陆活动边缘活动带范围内。印支期，在古太平洋板块俯冲和西太平洋古陆与亚洲大陆碰撞的过程中，区内晚古生代和早中生代煤系受到强烈挤压变形，线状褶皱发育，且伴随广泛的逆冲、推覆构造。晚白垩世以来，引张-裂陷为主的动力体系，使区内形成许多张性正断层、断陷盆地和重力滑覆构造。因此本区煤系地层分布零散，煤田构造复杂，加上火成岩侵入，变质程度差异大。

　　桂、湘、粤、赣、闽、浙及琼七省(自治区，直辖市)的全部或大部地区，除桂西一带煤田构造走向北西(罗城)以外，其他地区形成与印支期—燕山期的煤田构造，以及北东—北北东向的褶皱和逆冲、推覆构造为主(图4-18)，形成于喜马拉雅期的构造以正断层和重力滑覆构造为主(图4-35)。煤系大多赋存于由向斜构成的暴露式煤田，有的煤系煤层被逆掩在"飞来峰"或叠瓦式逆掩断层之下。岩浆活动对煤层、煤质影响很大，岩体所到之处，大片含煤地层被吞噬或掩盖，煤变质程度升高。除古近纪—新近纪外，其余均以高变质烟煤和无烟煤为主。新生代以来，本区中东部地区处于引张-裂陷为主的地球动力学体系，所以古近系—新近系煤田多赋存于开阔向斜，构造简单，偶有正断层。桂北一带因受到西南方向的挤压，赋煤向斜中有逆断层发育。

5.3.3　华南聚煤区的构造演化对煤与瓦斯突出的控制

从华南聚煤区含煤盆地的形成及其演化过程来看，华南聚煤区东部和西部具有不同的特点，地质构造和煤与瓦斯突出总体呈现出以下特点(图5-10)：

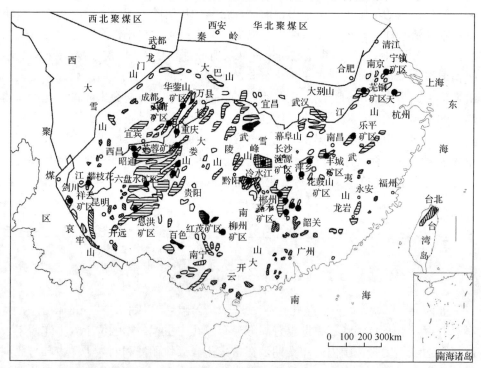

图 5-10　华南聚煤区含煤盆地及煤与瓦斯突出矿区分布

1-古近纪—新近纪煤田；2-早中侏罗世煤田；3-晚三叠世煤田；4-晚二叠世煤田；
5-早二叠世煤田；6-早石炭世煤田；7-煤与瓦斯突出矿区

(1)本区西部地区自中生代以来,处于持续的挤压作用,各时代煤系、煤层均不同程度地发育褶皱及逆冲断层等收缩构造。本区东部地区受到印支期—燕山期的挤压作用,总体上以发育北东—北北东向的褶皱和逆冲、推覆构造为主,喜马拉雅期的构造以正断层和重力滑覆构造为主,由于各构造运动仍可分为数个阶段,期间既有挤压作用机制,又有伸展作用机制,因此表现为推覆和滑覆构造发育具有多期性。

(2)煤体结构特征。华南聚煤区的大部分地区晚古生代—中生代的煤系普遍受到强烈的挤压破坏。本区西部以褶皱构造为主,其隔挡式褶皱的向斜和隔槽式的背斜由于变形强烈,煤层结构普遍遭到层域破坏,压性断裂导致煤体结构的面域破坏。本区东部以发育推覆构造和重力滑动构造为特色,煤体结构在强烈挤压作用下破坏严重。

(3)瓦斯含量特征。本区西部在挤压动力学系统作用下保持了较好的瓦斯赋存环境,以高瓦斯含量为特征,部分强烈挤压抬升地区瓦斯大量逸散,瓦斯含量低。本区东部在先期挤压后期伸展的动力学环境下不同区域具有不同的瓦斯赋存特点。

华南聚煤区成煤后期经历的构造演化与华北聚煤区类似,但是由于华南聚煤区基底组成的复杂性,以及位置上更靠近板块作用的边界,以致其煤与瓦斯突出的分布表现出更加复杂的特征,并且从突出强度和突出频次上较华北聚煤区更甚。华南聚煤区东部晚三叠世形成的"大隆大拗"的格局本身是经过强烈的挤压作用形成的,同时也为后期发生重力滑动创造了条件。总体上,在这一构造演化过程中,煤体作为软弱层,其结构的破坏广泛而强烈。隆拗相间的格局同时也为瓦斯的赋存创造了条件。

5.4　煤与瓦斯突出的模式

煤与瓦斯突出是受多种因素影响和制约的动力现象。影响和制约煤与瓦斯突出的因素包括地质构造、瓦斯含量(瓦斯压力)、煤体结构、地应力、煤层顶底板岩性等。张宏伟等指出,"不同矿区、不同煤层、不同构造条件下煤与瓦斯突出具有不同的模式"[203]。也就是说,煤与瓦斯突出的发生是多种因素在不同的组合模式下形成了煤与瓦斯突出的条件,这种模式因不同矿区、不同煤层和不同构造而具有差异性。从地质历史的发展和演化角度来看,构造的发展和演化具有逐级控制作用,这种控制体现在两个方面,第一是形成规模的控制,第二是形成时间的控制。即在同一区域,大的构造框架下所产生的小级别构造,先期构造往往控制后期构造。因此在一个特定的构造环境中,其构造格式和特点具有相似性,断裂构造的分形研究也证明了这一点。因此,尽管严格地确定某一区域的影响煤与瓦斯突出的各个因素之间的模式是不可能的，但是可以从宏观的层次上来分析各个因素的一般特征和形成规律，从而对一定区域的煤与瓦斯突出的模式给出初步的判断。

基于以上思路，本章结合前述东北聚煤区、华北聚煤区和华南聚煤区的构造演化，提出不同区域煤与瓦斯突出的模式。

1) 东北聚煤区煤与瓦斯突出的模式

东北聚煤区是早白垩世伸展作用下形成的聚煤盆地，煤田构造样式为典型的伸展型构造，表现为宽缓褶皱与阶梯状、地堑-地垒状的断层组合，紧闭褶皱及逆冲断层较少，煤与瓦斯突出在空间分布上与活动断裂具有密切的关系。东北聚煤区煤与瓦斯突出的影响因素具有如下特点：煤层瓦斯含量高、瓦斯压力高，煤体结构破坏较轻，煤层渗透性高。鹤岗矿区煤层瓦斯含量在 $10.122m^3/t$ 以上，煤层瓦斯压力为 $0.3\sim2.18MPa$，煤层渗透率为 $31\sim32.8mD$。阜新矿区王营矿煤层渗透率为 $0.1423\sim0.2140mD$，五龙矿、海州立井的煤层渗透率达到 $0.6\sim1.82mD$。因此东北聚煤区煤与瓦斯突出主要受到活动构造的控制，煤层结构破坏不是主要因素。鸡西矿区是本区的特例。

2) 华北聚煤区煤与瓦斯突出的模式

华北聚煤区自晚三叠世至白垩纪早期，在挤压作用下形成背斜型隆起，使煤系抬升，同时形成北东—北北东向背斜和压性破裂面或逆断层。晚白垩世以来，在(今)太平洋地球动力学体系的引张-裂陷作用中。总体而论，华北聚煤区煤田构造变形强度有东强西弱，南北强、中间弱的特点。在古太平洋体系挤压作用下华北北部形成的北东—北北东向逆断层，在(今)太平洋体系的拉张作用下往往发生力学性质的转换，或者表现为"先逆后正"的反转运动，或者表现为逆断层后缘被正断层切割。由于受特提斯—喜马拉雅地球动力学体系的影响，特别是印度板块向北及北东方向的强烈推挤，华北聚煤区西南缘煤田构造以走向北西及北西西向的挤压型构造组合为特征。华北聚煤区煤与瓦斯突出矿井的分布与煤田构造变形强度有密切关系，同时受到活动构造的制约。

3) 华南聚煤区煤与瓦斯突出的模式

华南聚煤区的煤田构造与华北聚煤区大体相似，只是其构造变形强度及煤田构造复杂程度均超过了华北聚煤区，而且在以下几个方面的特点更为突出：①逆冲推覆、重力滑动构造更加广泛而强烈；②西部(川黔)以褶皱构造为主，东部以断裂构造为主；③川黔及广西右江地区的煤田构造以挤压型为主，其他地区挤压型与拉伸型两种构造样式的构造成分均有比较清楚的显示。华南聚煤区的煤与瓦斯突出在空间分布上同样表现为受到构造变形程度的控制。

以上分析表明，不同的地区，煤体结构、瓦斯特征和构造活动性等不同，煤与瓦斯突出具有不同的模式，瓦斯、构造煤、地应力等因素在煤与瓦斯突出中的重要性显然也是不同的，因此需要根据具体井田的实际情况，选取适合本井田的煤与瓦斯突出预测方法，以及划定适合本井田的临界指标。

5.5　本 章 小 结

本章从板块构造演化入手，分析了东北聚煤区、华北聚煤区和华南聚煤区板块演化过程中地质构造的形成特征和活动方式，以及瓦斯参数、煤体结构等的分布特征。根据不同区域构造发育特征和活动程度的差异，提出了不同区域煤与瓦斯突出发生的一般模式。得出的结论如下：

(1)煤与瓦斯突出的各个影响因素受到地质构造演化的控制。从煤与瓦斯突出矿区的各种形态的褶皱、断裂及推覆构造，到次级褶曲、断层等的形成是构造演化的结果，煤与瓦斯突出在空间上的分布特征受控于地质构造的分布，板块构造演化过程说明了煤与瓦斯突出在宏观区域性分布的原因。

(2)东北聚煤区是伸展作用下的成煤环境，成煤以来经历了晚燕山期和新近纪的构造反转，本区煤与瓦斯突出主要集中在东部依兰-伊通活动断裂和敦化-密山活动断裂带所在的区域-构造反转影响比较严重的区域。华北聚煤区的煤与瓦斯突出主要分布在聚煤区周缘，以及区内太行山隆起带东侧，受印支—燕山运动影响广泛形成褶皱构造、推覆构造和隆起地貌等，在喜马拉雅期伸展作用体制下，形成了部分地区的重力滑动构造。华南聚煤区与华北聚煤区类似，西部经历了印支期—燕山期和喜马拉雅期的持续强烈挤压作用，褶皱、推覆构造发育，东部经历了印支期—燕山期的强烈挤压和喜马拉雅期的伸展作用，表现为先期形成褶皱、推覆构造，后期发生重力滑动构造。

(3)不同区域影响煤与瓦斯突出因素的特征不同，不同区域煤与瓦斯突出的模式不同。东北聚煤区煤与瓦斯突出与活动构造密切相关，华北和华南聚煤区煤与瓦斯突出和煤体结构具有密切的关系。

第 6 章 活动断裂研究及煤与瓦斯突出预测

6.1 活动断裂与地质动力灾害

6.1.1 中国新构造运动

新近纪以来发生的地壳构造运动。由这种构造运动造成的地壳形变或活动形迹称为新构造。奥布鲁切夫根据中亚天山等地区在上新世末至第四纪初广泛出现的强烈构造运动这一事实，首次提出了新构造运动的概念，认为应在地球发展的历史中划分出一个单独的发展阶段——新构造运动阶段[204]。尼古拉耶夫、格拉西莫夫和黄汲清等广大学者就新构造运动进行了广泛而深入的研究。迄今为止，国际上对新构造运动的起始时间没有统一的认识和划分标准[205]。广义的新构造运动泛指新近纪以来的构造运动。新构造运动造成了现代地形地貌的基本形态。

我国地处欧亚板块东南隅，被印度板块(包括缅甸板块)及太平洋板块、菲律宾板块夹持。新生代以来我国西南与东侧发生了两大构造事件，即西南侧始新世印度板块与欧亚板块的碰撞和东侧上新世末至更新世(4~2Ma)的菲律宾海板块与欧亚板块在台湾东侧的碰撞。现代地壳运动一直承袭着上新世末以来的格局。一般所谓的新构造时期就是指自此开始迄今的构造发展阶段。

在这个时期，中国大陆在欧亚板块、印度板块(包括缅甸板块)、太平洋板块与菲律宾海板块不同性质的板块碰撞和俯冲机制作用下，北部有西伯利亚板块的阻抗，加上大陆内部各块体之间的相互作用，塑造了独特、相互联系和有规律的新构造特征。它的垂直与水平运动及内部变形显著，造成了青藏高原隆起及其边缘的挤压、走滑构造，西北的再生高山与压陷大盆地，以华北为代表的新生代裂陷伸展构造，复杂而有序的板内破裂格式及很强的大陆内部地震活动性等。

中国一级新构造单元以华北板块西缘、四川盆地西缘为界，分为西部的印度板块、欧亚板块碰撞带构造域和东部的滨太平洋弧后裂陷构造域。印度板块、欧亚板块碰撞带构造域包括喜马拉雅强烈断块隆起区、青藏川滇面状隆起区、新疆块断隆起区。由于印度板块向北俯冲，古近纪以来，喜马拉雅强烈断块隆起区隆起的幅度大，断块内部差异性活动强烈，边缘及次级断块分界处均有规模巨大、活动性强烈的深大断裂，断裂带地震活动强烈，区域主压应力方向为北北东向。新疆大幅度隆起区褶皱强烈，断块差异运动幅度大，地震集中，具有整体活动的塔里木、准噶尔等断块与南北天山、阿尔泰山褶皱带相间排列，沿盆地边缘深大断裂带的新活动十分强烈，与地震活动关系密切。滨太平洋弧后裂陷构造域包括东北裂陷-隆起区、华北裂陷断隆区、华南隆起区、东南沿海和南海海域隆陷区。东北裂陷-隆起区以火山活动为主、差异性运动弱。华北裂陷断隆区继承性断块差异性活动强烈，断裂活动以张性或张扭性断层活动为主，伴以地堑、半地堑盆地下降和地垒隆起，以及阶梯或掀斜运动，主张应力轴方向为北东—北北东。华南隆起区除东南沿海和长江中下游部分地区外，差异运动不明显，区域应力场的方向为北西—北西西。

新构造时期，原华北地台的北界，沿"内蒙古地轴"北缘的赤峰-开原断裂带已经不再是一个活动的边界。"内蒙古地轴"已与东北连在一起，这在自由空气异常场的特征上有清楚的显示[120]。

板块碰撞后，构造运动并未停息，早期的板块碰撞带仍然是大陆岩石圈中最活跃的构造活动带，岩浆活动、变质作用和构造变形，乃至沉积盆地的演化，都与陆-陆碰撞作用息息相关。总体上由于印度板块与欧亚板块的碰撞及其后的持续向北推挤和西太平洋各板块俯冲消减作用起始于新生代初，我国晚第四纪活动构造特征和运动图像与新生代和第四纪构造活动有密切的关系，除少数地区有晚第四纪和现代新生构造带产生外，主要表现为继承性活动。

6.1.2　中国大陆板块活动与地质动力灾害

中国大陆处于欧亚板块的东南隅，挟持在印度板块、太平洋板块及菲律宾板块之间，是全球各大陆板块内部新构造运动异常活跃的一个地区。板块间的相互作用深刻地影响着中国大陆活动构造的面貌，使中国大陆的活动断裂在空间分布、力学属性和运动学特征方面，都表现出明显的特点，并控制着大陆内部地质灾害活动的强度、频度。

邓起东和张培震[161]在活动构造分区中使用断块区和断块等不同级别的活动断块来分析我国活动构造的分区特征，马杏垣提出了活动亚板块和构造块体的概念[206]，张培震等[207]提出了活动地块的认识。这些认识的本质大体是一致的，它们都认为大陆板块内部以块体运动为特征，断块活动是板块内部构造活动最基本的形式。板块内部是以块体运动为特征，断块活动是板块内部构造活动最基本的形式。岩石圈板块被晚第四纪活动断裂分割围限成不同级别的断块。同一块体的构造活动常具有相对统一的特征，块体内部相对稳定，而块体边缘活动构造带则活动强烈。

中国板内运动的活动边界主要以活动断裂的形式表现出来。研究表明，中国活动断裂的移动明显地受到全球板块活动的制约，亚板块与构造块体边界上活动断裂的活动速率比全球板块边界上的要小 1～2 个数量级，但又明显地大于块体内部。东部各块体边界上通常为 1～4mm/a，块体内往往小于 0.5～1mm/a。活动断裂活动速率的这种大小分布格局与地表活动强弱的空间分布大体吻合。这反映出中国板内变形和运动具有以块体为单元并逐级镶嵌活动的特征。

各种地质灾害实质都是构造活动直接或间接的表现形式之一。尽管它们的运动特征、表现形式、活动速率等各不相同，呈现着复杂的差异状况，包括断块升降、带状错动、缓慢形变、突发冲击、骤然爆发等，但它们都受控于现今构造活动(表 6-1)。

表 6-1　中国地质灾害分区特征简表[208]

区	亚区	分布范围	地质灾害组合特征	自然地质条件与社会经济条件
中国东部地质灾害区	长白山亚区	东北三江平原和长白山地区	主要为冲击地压、瓦斯突出；次为水土流失、崩塌、滑坡、泥石流、地面塌陷	地形以低山丘陵为主。受北北东向构造控制，构造活动性较强
	东部平原亚区	华北平原、长江下游平原、下辽河平原	主要为地震、地面沉降、地裂缝、地面塌陷、冲击地压、突水；次为水土流失、特殊岩土病害、盐碱化、海平面上升、海岸侵蚀、海水入侵等	除山东半岛外，大部地区为堆积平原。主要受北北东向构造控制，断裂发育，活动性强
	北方中低山丘陵亚区	燕山、太行山、秦岭、黄土高原、汾渭盆地	主要为水土流失、土地沙漠化；次为地震、冲击地压、崩塌、滑坡、泥石流、地裂缝、地面沉降、地面塌陷及特殊岩土病害等	地形以中低山、高原间夹河谷平原为主。降水多集中在7～9月。地质构造发育，断裂活动性强。黄土及膨胀土、可溶岩发育
	台湾岛亚区	台湾岛地区	主要为地震灾害，次为地面沉降、水土流失、海平面上升、海岸侵蚀、冲击地压等	东部为山地丘陵，西部为平原。北北东向断裂发育，活动性强
	东南低山丘陵亚区	湘赣黔山地、东南丘陵、江汉平原、海南岛	主要为崩塌、滑坡、泥石流、地面塌陷、水土流失、特殊岩土病害、海平面上升、海岸侵蚀、突水、瓦斯突出、地震等	地形以低山丘陵，伴有内陆平原、河口平原和盆地。山地切割剧烈，构造发育
	亚南高原山地亚区	川鄂山地、云贵高原、四川盆地	主要为崩塌、滑坡、泥石流、地面塌陷和水土流失；次为冲击地压、突水、瓦斯突出、特殊岩土病害等	地形为高原山地，兼有山间盆地，山地陡峻，可溶岩发育。构造较发育，活动性较强
	西南山地亚区	岷山、大雪山、横断山及滇南山地	主要为地震、崩塌、滑坡、泥石流；次为水土流失、地面塌陷等	地形为高山和高原，切割剧烈。断裂构造发育，活动性强
中国西部地质灾害区	兴安岭亚区	大兴安岭、小兴安岭	主要为冻融、水土流失	地形以中山为主。断裂构造较发育，活动性较强
	松辽平原亚区	松辽平原地区	主要为沙漠化、盐碱化和特殊岩土病害	地形为堆积平原
	新蒙高原盆地亚区	内蒙古高原、河西走廊、准噶尔盆地、塔里木盆地	主要为土地沙漠化，部分地区有盐碱化、地震、煤田自燃	地形主要为高原和大型内陆盆地。受东西构造控制，北西西向和北东东向亦较发育
	天山亚区	新疆中部天山地区	主要为地震和煤田自燃	地形为高山山地。受东西向构造控制，活动性强
	青藏高原亚区	青藏高原及其周缘山地地区	主要为冻融、地震，其次为崩塌、滑坡、泥石流等	地形为高原、山地。主要受东西向和弧形构造控制，现今构造强烈

地质灾害的主要动力源都与构造应力作用关系密切，有的叠加了人类工程活动采动应力或者荷载应力等的联合作用。由于它们在空间分布上与现今活动的构

造带或地块密切相关，在时间发展上具有各级周期性活动特征，它们均一致表明与现今地壳运动的统一性。煤与瓦斯突出等矿井动力灾害的发生是在区域构造作用下，应力积累并达到极限状态后受人为扰动而发生失稳的结果，断块边界带由于其差异运动强烈而构造变形非连续性最强，最有利于应力高度积累而发生矿井动力灾害。因此，对于煤与瓦斯突出等矿井动力灾害的研究，必然需要对活动断裂进行深入的研究，确定断块的边界，评价其活动方式和作用特征。

6.2　活动构造的研究方法

6.2.1　地质动力区划理论的提出

随着板块构造学说的兴起，岩石圈流变学和动力学研究的深入，特别是 20世纪 70 年代以来新技术、新方法的不断引进，大大促进了新构造研究的发展。板块构造研究成果解释了大量的地质构造和地质动力现象，如发生于板块边界上的地震占全球每年记录的几百万次地震的 85%左右。

板块构造学说的建立和发展，也为长期从事矿井动力灾害研究的学者打开了新的思路，对采矿生产中长期存在的动力灾害问题的解决提供了新的启示。例如，矿山矿体往往处于构造活动区，板块及构造块体的活动与矿井生产有密切联系。一方面，矿井生产中出现的矿井动力灾害等可以说是构造块体活动的侧面依据，另一方面，可以用板块学说对这些灾害及其规律性加以解释和说明。板块构造研究虽已取得了重要进展，但在工程上如何实际应用，两者之间还缺少必要的衔接和联系。地质动力区划就是在这一背景和基础上发展起来的[209]。

地质动力区划(geodynamic division，也称地球动力区划)是由俄罗斯自然科学院通信院士巴杜金娜教授和俄罗斯自然科学院院士、国立莫斯科矿业大学地球动力中心主任佩图霍夫教授在 20 世纪 70 年代末期创立的。1990 年中俄合作在北票矿区开展了矿井动力灾害的地质动力区划工作。此后，我国学者在中国进行了大量的地质动力区划研究[210-212]。

根据现代板块构造理论，地壳由许多大板块构成，大板块在其边界应力的作用下，可以破碎成一些巨断块，而巨断块又会破裂成更小一些的断块，依此类推，就把地壳划分成一种不同从属等级的断块综合体。目前对全球主要板块划分及其分布的基本轮廓是清楚的，以此解释地震、火山现象、造山运动等地质构造运动现象是令人满意的。但在断块划分上尚有异议。特别是对于人类工程范围内(几十平方千米至几百平方千米)，则是板块构造学研究的空白点，也是板块构造研究与工程实际应用的隔离带[209]。地质动力区划就是在板块构造研究的基础上，进一步划分和查明不同级别的活动构造，预测人类工程活动产生的地质动力效应，直接解决工程实际问题。地质动力区划方法逻辑结构如图 6-1 所示。

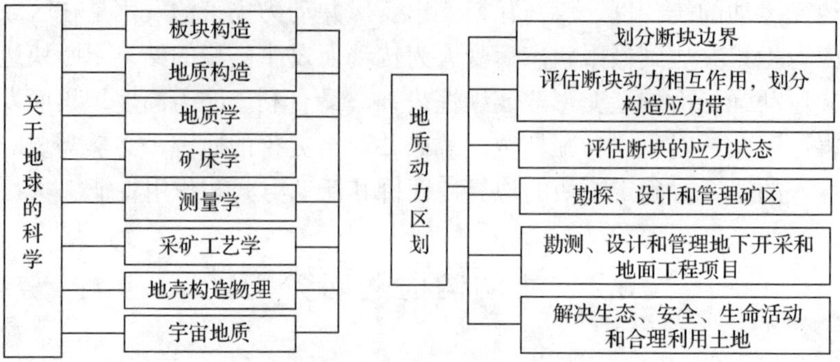

图 6-1　地质动力区划方法逻辑结构图

6.2.2　地质动力区划原理

　　地质动力区划是地质动力学的一个新分支，它主要是根据地形地貌的基本形态和主要特征决定于地质构造形式的原理，以板块构造理论为基础，以地形地貌学、地质动力学、地球物理等学科为依据，以区域新构造和区域岩体应力状态为主要研究对象，在查清各级活动断裂、划分断块和评估其相互作用的基础上，确定区域现今构造运动的地质构造格架，评估地质动力状态，划分地质动力灾害危险区域，为人类的工程活动提供地质环境信息和预测工程活动可能产生的地质动力效应。

　　新构造运动在地质发展历史上阶段最新、时间最短，由构造运动所造成的地形，至今还清楚地被保留下来，多数情况下，这样的地形反映了一定构造类型，两者相互吻合。这是地质动力区划研究工作的基础。

　　由上述可知，地质动力区划是在上一级板块或构造块体划分的基础上进行的，一方面必须遵循板块构造学说的基本原理，另一方面要结合实际工程问题来进行，做到有的放矢。地质动力区划主要包括以下三个方面。

　　(1)形态学研究：利用室内分析和野外观测相结合的方法进行构造几何分析。

　　(2)运动学研究：根据几何学数据探索构造运动形式。

　　(3)动力学研究：查明构造和断块中的应力状态。

　　地质动力区划是根据地形地貌的基本形态和主要特征决定于地质构造形式的原理，通过对地形地貌的分析，确定活动构造。作为划分地壳中不同比例的断块方法的基础，就是不同生成时代、不同赋存深度的断裂系统的断块的垂直运动的强度不同。划分各级断块要选择不同比例的地形图(表 6-2)。

　　断块的边界一般是活动断裂，断块之间存在着地质动力联系。因此，划分活动构造最重要的任务是确定研究区域内的活动断裂，并对其活动性进行评估。

表 6-2　地质动力区划断块划分比例范围

断块构造部分	断块级别	地形图比例尺
巨大断块	I	1∶4000 万
	II	1∶2500 万
	III	1∶1200 万
	IV	1∶800 万
	V	1∶400 万
断块	I	1∶250 万
	II	1∶100 万
	III	1∶20 万
	IV	1∶5 万～1∶2.5 万
	V	1∶1 万

6.2.3　活动断裂划分

　　活动断裂大多继承于构造断块的差异运动，形成构造地貌形态，往往也是现代的地球物理和化学异常带。活动断裂的构造形变非常明显，在现代区域构造应力场中，成为地应力作用集中的地带和区段，构成了历史和现代的地震带。活动断裂可根据一系列标志进行判别(表 6-3)。

表 6-3　断裂活动性的判别标志

判别标志	对矿区原始应力场的影响
地震情况	各断块活动程度
磁场(应力梯度，形成年代梯度)	岩层物理力学性能的变化
地貌特征(地貌高程)	断块的隆起与下陷程度
地貌构造特征(形成时代，地貌等级，地貌构造表现特征)	当代运动的强度
地热特征(地质热力梯度，热流值，在沉积层与地表中凝固基岩的温度)	各种运动的强度
水文化学特征(水文化学场埋藏深度，矿物水种类，温度)	应力状态的种类与强度，矿区所处的断裂的活跃性
水文地质特征(地下水类型)	构造运动情况(挤压，拉伸)
断裂特征(种类，埋藏深度，落差，倾角，宽度，在地貌中的表现，在地质与地球物理场中的表现)	岩体的应力状态，断层的性质与方向
年平均活动的速度和幅度	断块边界的力学环境

　　绘图法是地质动力区划研究中划分断块最基本和最常用的方法，其依据是地形地貌的基本形态和主要特征取决于新构造运动，通过对地形地貌的分析，查明区域活动断裂的形成与发展。绘图法是在各种图件上进行的，最重要的是地形图，它具有定量地反映地貌形态三维空间的特点，在许多情况下能够为地貌成因分析提供重要依据。

利用绘图法划分地壳的断块应遵循两个原则：第一，断块的最高部分显然是被侵蚀作用触动得最少的部分，而常常是某个时期的准平面的残余山；第二，断块的边界可根据许多的地形标志来追踪，可使用活动断裂的构造差异地貌标志。由于断块运动，古老的夷平表面的残丘，现在处于不同的等高线水平，这可以作为断块相互移动的特征。

为了将两个不同相邻地段划到不同的块段，这时必须考虑下列高程差：对于年轻的山系，高度差平均为200m；对于被侵蚀的山系和中等高度的山，为100m；对于被侵蚀的中等高度的山、背斜的隆起区域或者年轻的凹陷区段，为50m；对于被侵蚀过程覆盖的构造形式的凹陷区段，高度差平均为20~25m。

对于每个具体区域，最小高度差可采用下列公式计算：

$$\Delta h_{\min} = 0.1\left(H_{\max} - H_{\min}\right) \tag{6-1}$$

式中，$H_{\max}$为峰顶表面的最大绝对高度，m；$H_{\min}$为峰顶表面的最小绝对高度，m。

在地形图上用约定的符号标出构造阶地、分水岭和小台地及平原的控制高度。山坡和河谷侵蚀沟的标高不计在内。这些符号可以指出该地段属于哪一个水平。

断裂构造地貌在地形上表现为断层崖和断层三角面，它们都有沿断层走向分布的显著方向性。此外，沿断裂走向分布的还有断层谷等（图6-2）。断裂通常是断块的边界，相邻断块产生差异运动，使两断块地区有迥然不同的形态组合。正是借助这一点，在地形图上便可判读出断裂是在继续活动，还是已经稳定。

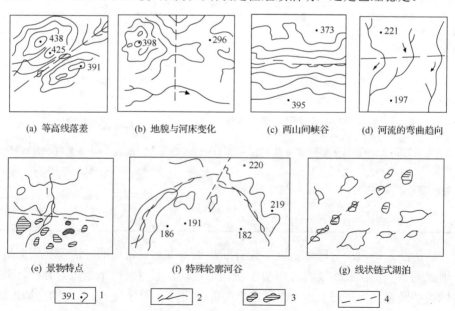

图 6-2　划分活动断裂的部分地貌特征

1-等高线；2-河流；3-湖泊；4-活动断裂

把断块所有表面暂时以其范围的最高区段的标高标出。这样，似乎恢复了地形初始的构造形式，而不考虑其被切割的程度，结果将所研究的区域，划分为许多断块。这些断块在形状、尺寸和绝对高度上均有不同。这些断块重新构成地形的断裂线，是评估其活动性和断裂相互作用及其应力状态的基础。

活动断裂的确定除绘图法之外，还有夷平面法、趋势面法、遥感图像分析法、分形几何法等。

6.2.4　断裂活动性评估

1. 断裂活动性评价指标的确定

评价指标的选择直接关系到评价的准确程度。评价指标应既能从本质上反映断裂的活动特性，又利于利用现有资料进行科学、定量地反映断裂活动程度。

鉴于地质动力区划中活动断裂的研究方式和特点，选择如下 5 种指标来反映活动断裂的强弱程度：①活动断裂两侧断块的高程差($\bar{H}$)；②活动断裂的破裂长度(L)；③活动断裂与最大主应力的夹角($\bar{\sigma}$)；④活动断裂与最大剪应力的夹角($\bar{\tau}$)；⑤活动断裂的地震震级($\bar{S}$)。以上因素既有较强的代表性，又容易获取，以往研究中提到的如活动速率指标[213]，对于小尺度断裂，还无法进行量测，因此不作考虑。

1) 判据 $\bar{H}$

活动断裂构成断块的边界，断块的错动程度反映了断块的边界-断裂的活动性。因此在评估断裂活动性时必须考虑活动断裂两侧断块相互错动的落差。断块沿断裂的现代运动是否可以在地表面的地形中表现出来，以及其表现程度如何，可以用 $\bar{H}$ 来描述。在地形中有表现的、错动幅度较大的断裂显然是最活跃。因为地形各种要素就是沿着这种断裂活动的。在地形的表现较小、落差较小的断裂活动性相对较小。没有在地形中得到任何反映的断裂，可以认为它们在现今应力场中是不活动的。

2) 判据 L

判据 L 用来标志断裂在地表的水平延伸长度。一般而言，断裂延伸的长度与其活动性具有正相关关系。例如，阿尔金断裂全长 1600km，平均走滑速率为 7～12mm/a，沿断裂带有频繁的地震活动与火山喷发，1900～1999 年，阿尔金断裂带上 6 级地震活动频繁[214]；郯庐断裂带在我国境内延伸 2400km，自公元 1400 年以来，以郯庐断裂为中心 200km 范围内共发生 6 级以上的地震 17 次[215]。

3) 判据 $\bar{\sigma}$

研究表明，沿着具有波状表面的断层面有可能产生构造应力区。因而对于没有破碎区的断裂，$\bar{\sigma}$ 值应该是增大的，而对于伴有破碎区的断裂 $\bar{\sigma}$ 应是减少的。

4）判据 $\bar{\tau}$

利用该判据可评估作用在断层面上的切向应力的比值，这是平移活动沿断层可能实现的特征。显然，处于最大切应力 τ_{max} 作用平面的断层面是最可能活动的。这样的平面以 45° 角与 σ_{max} 和 σ_{min} 斜交，而轴 σ_2 则位于 τ_{max} 平面内。$\bar{\tau}$ 表示断裂相对 τ_{max} 平面的位置。断裂与 τ_{max} 的夹角越大，断裂的活动性越弱。

5）判据 $\bar{S}$

地震活动是活动断裂的一个重要标志。在世界许多地区对活动断裂的辨认，最初是从地震断层开始的。地震地质研究表明，深大活动断裂运动引发地震，构成历史和现代的地震带。也就是说，活动断裂与现代地震带存在良好的一致性。$\bar{S}$ 为活动断裂带上发生地震的总效应。

2. 模糊综合评判

模糊逻辑是一种精确解决不精确不完全信息的方法，其最大特点就是用它可以比较自然地处理人类思维的主动性和模糊性。采用模糊综合评判将使结果尽量客观从而取得更好的实际效果。本节采用一级模型，一般可归纳为以下几个步骤[216]：

（1）建立评判对象因素集（或指标）。假设模糊综合评判中考虑 m 个评价因素，则构成因素集：

$$U = (U_1, U_2, U_3, \cdots, U_m) \tag{6-2}$$

（2）建立评判集。假设断裂活动性程度分为 n 个等级，则构成评语集：

$$V = (V_1, V_2, \cdots, V_n) \tag{6-3}$$

（3）单因素评判。即建立一个从 U 到 $F(V)$ 的模糊映射：

$$f : U \to F(V), \forall u_i \in U \tag{6-4}$$

$$R_i = (r_{i1}, r_{i2}, \cdots, r_{im}) \quad (0 \leqslant r_{ij} \leqslant 1, \ 1 \leqslant i \leqslant m, \ 1 \leqslant j \leqslant n) \tag{6-5}$$

其中，r_{ij} 表示第 i 个因素的评判对第 j 个等级的隶属度。则 m 个因素的总评判矩阵为

$$\underset{\sim}{R} = R_{m \times n} = \begin{vmatrix} r_{11} & r_{12} & \cdots & r_{1n} \\ r_{21} & r_{22} & \cdots & r_{2n} \\ \vdots & \vdots & \vdots & \vdots \\ r_{m1} & r_{m2} & \cdots & r_{mn} \end{vmatrix} \tag{6-6}$$

称 $\pmb{R}$ 为单因素评判矩阵，于是 $(\pmb{U}, \pmb{V}, \pmb{R})$ 构成了一个综合评判模型。

(4)综合评判。模糊综合评判引入权重集来考虑 U 中各个因素不同的侧重，它可表示为 $\pmb{U}$ 上的一个模糊子集 $\underset{\sim}{A} = (a_1, a_2, a_3, \cdots, a_m)$，且规定 $\sum\limits_{i=1}^{m} a_i = 1$。

在 $\underset{\sim}{R}$ 与 $\underset{\sim}{A}$ 求出之后，则综合评判模型为 $\underset{\sim}{S} = \underset{\sim}{A} \cdot \underset{\sim}{R}$。记 $\underset{\sim}{S} = (s_1, s_2, s_3, \cdots, s_n)$，它是 V 上的一个模糊子集，其中

$$s_j = \bigvee_{i=1}^{m}(a_i \wedge r_{ij}) \qquad (j = 1, 2, \cdots, n) \tag{6-7}$$

如果评判结果 $\sum\limits_{j=1}^{n} s_j \neq 1$，就对其结果进行归一化处理。

根据最大隶属原则，就可确定某断裂的活动性程度等级。其中，建立单因素评判矩阵 $\underset{\sim}{R}$ 和确定权重分配 $\underset{\sim}{A}$ 是两项关键性的工作。

(1)隶属函数的确定。考虑到活动断裂各个因素的意义，根据确定隶属函数的一般原则和方法，建立各因素对活动断裂分级的隶属函数。表 6-4 是各单因素分级范围与平均值。

表 6-4　活动断裂各单因素分级指标

活动性分级	$\bar{H}$ /m		L /km		$\bar{\sigma}$ /(°)		$\bar{\tau}$ /(°)		$\bar{S}$	
	范围	平均值	范围	平均值	范围	平均值	范围	平均值	范围	平均值
强	>20	35	>10	20	60～90	75	60～90	75	>5	7.5
中	10～20	15	4～10	7	30～60	45	30～60	45	2～5	3.5
弱	0～10	5	0～4	2	0～30	15	0～30	15	0～2	1

鉴于各单因素指标分级本身的模糊性，通过对已知指标值的统计分析，各指标的概率分布基本符合正态模型，因此在同一分级内它的隶属函数可以近似地表示为模糊正态分布函数，即

$$U_{\underset{\sim}{A}}(x) = \mathrm{e}^{-\left(\frac{x-a}{b}\right)^2} \tag{6-8}$$

式中，a、b 为待定参数，其中 $b > 0$，a 是表 6-4 中各等级的平均值。因表 6-4 中所给各种分级范围的边界值介于两种等级之间，因此对两种等级的隶属度相同，故可令其近似地等于 0.5，于是，对某一等级范围，其 b 值可由下式近似确定[217]：

$$\mathrm{e}^{-\left(\frac{X_b - a}{b}\right)^2} \approx 0.5 \tag{6-9}$$

式中，X_b 为该级别物理量的边界值对于表 6-4 中没有上界的级别，由于超出下界时，隶属度显然应该增大，因此考虑以下隶属函数：

$$u_1(x) = \begin{cases} e^{-\left(\frac{x-a}{b}\right)^2} & (x < a) \\ 1 & (x > a) \end{cases} \quad （没有上界）\qquad (6\text{-}10)$$

通过计算，得到隶属函数的参数（表 6-5），确定隶属函数的具体表达。

表 6-5　各隶属函数的参数

断裂活动性级别	$\bar{H}$		L		$\bar{\sigma}$		$\bar{\tau}$		$\bar{S}$	
	a	b	a	b	a	b	a	b	a	b
强	35	18	20	12	75	18	15	18	7.5	3
中	15	6	7	3.6	45	18	45	18	3.5	1.8
弱	5	6	2	2.4	15	18	75	18	1	1.2

（2）权重系数的确定。比较矩阵法通过将模糊概念清晰化，从而确定全部因素的重要次序。首先，把 m 个评价因素排成一个 $m \times m$ 阶矩阵，对因素进行两两比较，根据各因素的重要程度来确定矩阵中元素的值并求解矩阵的最大特征根及其对应的最大特征向量。如果通过一致性检验，则认为所得到的最大特征向量即为权重向量[218]。根据断裂活动性评判中各因素相对重要程度建立比较矩阵（表 6-6），经计算，最大特征值 $\lambda_1 = 5.08$，最大特征向量：$X(1) = (7.023, 3.112, 7.305, 6.844, 4.692)$ 满足一致性要求，将其归一化后的特征向量作为权向量，即

$$A = (0.24, 0.11, 0.25, 0.24, 0.16)$$

表 6-6　各单因素的比较矩阵

参数	$\bar{H}$	L	$\bar{\sigma}$	$\bar{\tau}$	$\bar{S}$
$\bar{H}$	1	1.5	1.2	1.2	1.5
L	0.67	1	0.4	0.4	0.5
$\bar{\sigma}$	0.83	2.5	1	1	2
$\bar{\tau}$	0.83	2.5	1	1	1.5
$\bar{S}$	0.67	2	0.5	0.67	1

下面以协庄矿断裂活动性的评价为例具体说明计算过程。首先通过地质动力区划方法确定了井田的活动断裂，分别提取活动断裂的 5 个参数 $\bar{H}$、L、$\bar{\sigma}$、$\bar{\tau}$、

$\overline{S}$ 。以 V -18 断裂为例，其各因素指标为 $\overline{H}$ =29m，L =9.5km，$\overline{\sigma}$ =83°，$\overline{\tau}$ =52°，$\overline{S}$ =0，首先计算指标 $\overline{H}$ 的隶属度，将隶属函数参数代入式 (6-8)，确定以下隶属函数：

$$u_1(\overline{H}) = \begin{cases} e^{-\left(\frac{\overline{H}-35}{18}\right)^2} & (\overline{H} < 35) \\ 1 & (\overline{H} > 35) \end{cases} \tag{6-11}$$

$$u_2(\overline{H}) = e^{-\left(\frac{\overline{H}-15}{6}\right)^2} \tag{6-12}$$

$$u_3(\overline{H}) = e^{-\left(\frac{\overline{H}-5}{6}\right)^2} \tag{6-13}$$

将 $\overline{H}$ =29 代入以上隶属函数，计算得出指标 $\overline{H}$ 的单因素评判矩阵 $\boldsymbol{R}_{\overline{H}}$ = (0.895, 0.004, 0) 。同样，可以计算出 V -18 断裂其他 4 个指标的隶属度，建立 5 个因素的总评判矩阵为

$$\boldsymbol{R} = \boldsymbol{R}_{5\times3} = \begin{vmatrix} 0.895 & 0.004 & 0 \\ 0.465 & 0.617 & 0 \\ 0.821 & 0.012 & 0 \\ 0.015 & 0.86 & 0 \\ 0 & 0 & 0 \end{vmatrix} \tag{6-14}$$

$$s_j = \bigvee_{i=1}^{m}(a_i \wedge r_{ij}) = \boldsymbol{A} \cdot \boldsymbol{R}$$

$$= (0.24, 0.11, 0.25, 0.24, 0.16) \cdot \begin{vmatrix} 0.895 & 0.004 & 0 \\ 0.465 & 0.617 & 0 \\ 0.821 & 0.012 & 0 \\ 0.015 & 0.86 & 0 \\ 0 & 0 & 0 \end{vmatrix}$$

$$= (0.594, 0.348, 0.059)$$

对所有断裂进行以上计算，就可以确定所有断裂活动性，在此基础之上，建立了由强、中和弱 3 种活动断裂组成的井田构造模型 (图 6-3)。

需要说明的是，不同矿区构造模式不同，在进行断裂活动性评价时，应在同一构造模式下进行，即权重系数和隶属度函数中的参数值只对同一构造模式有意义。

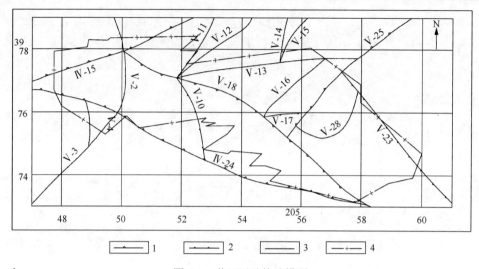

图 6-3　井田活动构造模型

1-强活动性断裂；2-中活动性断裂；3-弱活动性断裂；4-井田边界

6.3　中国一级地质动力区划

6.3.1　中国一级地质动力区划图的编制

　　活动断裂带是一种不良的地质环境，在这种地区部署工程建设时，必然要受到断裂带的影响，有可能直接危及人身安全和破坏地表与地下工程建筑。例如，西气东输等大型工程，必须考虑活动断裂对其影响及预防措施，而其基础就是要确定活动断裂带的位置及其活动特征。中国一级区划工作的出发点，就是要利用地质动力区划方法，确定活动断裂带的位置及其活动特征，为地质动力灾害的预测和预防提供指导。煤与瓦斯突出等矿井动力灾害受控于活动断裂，中国一级区划图的编制，建立了煤与瓦斯突出的地质构造背景和地质动力学框架，为煤与瓦斯突出区域预测奠定了地质动力学基础。

　　用地质动力区划方法进行中国一级活动断块构造的划分，首先需要选取合适的地形图。根据表 6-2 所列的原则，本章采用了 1：250 万的地形图。由于在进行中国一级地质动力区划时，还需要考虑更大范围的地形特征，因此本文选用了由苏联、波兰、保加利亚和匈牙利的大地测量和绘图管理局在 1968～1976 年联合编制的地形图。中国一级地质动力区划所用的标高差为 500m。确定最大的标高差的目的，是把两个相邻的地段分到不同的断块。在中国区域 1：250 万比例尺的地形图上，确定的中国一级断块构造边界的位置精度为 ±2.5km。

　　利用上述地质动力区划研究方法，完成中国一级地质动力区划。

6.3.2　中国一级地质动力区划图分析

在中国一级地质动力区划图的基础上，绘制了中国一级地质动力区划断裂带密度图(图 6-4)。可以看出，一级断裂带的密度聚集在 5 个中心里：Ⅰ、Ⅱ、Ⅲ、Ⅳ、Ⅴ。而且这些密度中心从Ⅰ到Ⅲ纬向严格分布在北纬 35°～40°的条带里，这一条带被认为是地壳状态转变的分界线[219]。在这一条带上的地壳密度发生着剧烈的变化，可观察到应力的最大差别。北纬 35°也分隔着中国的两个区域：北部和南部区域。从煤与瓦斯突出的角度来看，有相当多的煤与瓦斯突出矿区位于北纬 35°这一条带及两侧的区域。此外大多数煤与瓦斯突出矿区沿断裂密度等值线的走向分布。

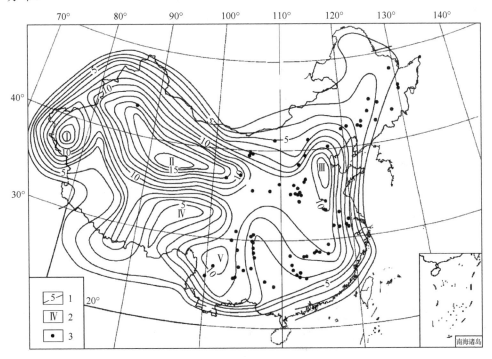

图 6-4　中国一级地质动力区划断裂带密度图
1-断裂密度等值线；2-断裂密度中心；3-煤与瓦斯突出矿区

地质动力区划法的工作之一就是把区划图与该区域的地质构造及其他研究的资料比较。经过分析可以得出以下结论：

(1)昆仑-秦岭断裂带严格保持在变化转换的北纬 35°上，它同样把中国分为两部分，即北部和南部。

(2)在中国北部，地质动力区划所查明的断裂带与中国地质界确定的主要活动断裂带在精度和位置上几乎完全相似。

(3)在中国南部,地质动力区划所查明的断裂带与中国地质界确定的主要活动断裂带大多相符合,然而地质动力区划确定的断裂带与地质界确定的金沙江-红河断裂系、班公诸-怒江-澜沧江断裂系、苏北-黄海断裂系、东南沿海断裂系、皖鄂湘断裂系位置不相符合,这可能与地质动力区划确定的一级断裂划分落差标准500m有关,这些地质界确定的断裂带,用地质动力区划方法在下一比例的中国二级活动断裂中将被查明。

活动断裂构成人类生存环境的一个重要因素。在自然界中,与活动断裂有关的地质灾害现象广泛可见。它们的出现是有规律的,即灾害的发生与活动断裂的基本特征和发展规律密切相关。中国一级地质动力区划,从宏观上阐明了中国新构造运动的格架,确定了煤与瓦斯突出等动力灾害的活动构造背景,为煤与瓦斯突出等矿井动力灾害以及地质动力灾害的预测和防治奠定了地质动力学基础。

6.4　本章小结

本章分析了中国新构造运动的特点,利用地质动力区划方法第一次编制了中国一级断块构造图,确定了煤与瓦斯突出等动力灾害的活动构造背景,为煤与瓦斯突出的预测和防治奠定动力学基础。具体结论如下:

(1)活动构造综合体现了地质构造和地质动力状态两个方面的特征,活动构造研究对煤与瓦斯突出预测具有重要意义。完成了中国一级地质动力区划,从宏观上阐明了中国新构造运动的格架,确定了煤与瓦斯突出等动力灾害的活动构造背景,为煤与瓦斯突出的预测和防治奠定了地质动力学基础。

(2)中国一级地质动力区划断裂带密度聚在 5 个中心里:Ⅰ、Ⅱ、Ⅲ、Ⅳ、Ⅴ。密度中心从Ⅰ到Ⅲ都按照纬向严格分布在北纬 35°~40°的条带里,在这一条带上的地壳密度发生着剧烈的变化,可观察到应力的最大差别。有相当多的煤与瓦斯突出矿区位于北纬 35°这一条带及两侧的区域。

(3)昆仑-秦岭断裂带严格保持在变化转换的北纬 35°上,它同样把中国分为两部分:北部和南部。在中国北部,地质动力区划所查明的断裂带与中国地质界确定的主要活动断裂带在精度和位置上几乎完全相似;在中国南部,地质动力区划所查明的断裂带与中国地质界确定的主要活动断裂带大多相符合,位置不相符合的断裂带,用地质动力区划方法在下一比例的中国二级断裂中将被查明。

(4)将模糊综合评判方法引入断裂活动性的评价中,充分考虑地质动力区划中活动断裂研究的模糊性和不精确性,建立了断裂活动性的模糊综合评判模型,确定了隶属函数,并通过层次分析法确定了各个指标的权重,最终获得了断裂活动性的模糊综合评判结果。不同矿区构造模式不同,在进行断裂活动性评价时,应在同一构造模式下进行,即权重系数和隶属度函数中的参数值只对同一构造模式有意义。

第7章 应 用 实 例

7.1 开滦矿区煤与瓦斯突出的构造控制

7.1.1 矿区概况

开滦矿区位于河北省东部，跨唐山、滦县、滦南、丰润、丰南 5 市县，矿区面积 670km²，盛产优质炼焦煤。煤层赋存于石炭纪—二叠纪煤系四个组中，自上而下为下二叠统唐家庄组、大苗庄组，上石炭统赵各庄组、开平组。大苗庄组含煤 4～6 层，5 煤层、8 煤层、9 煤层为主要可采层，赵各庄组含煤 3～5 层，12 煤层为主要可采层。开滦矿区已有 130 年的开采历史，目前有共有 10 对矿井，煤炭年产量近 3000 万 t。很多矿井已经进入或正在进入深部开采，如赵各庄矿开采深度为 1159m、唐山矿开采深度为 841m、林西矿开采深度为 899m、吕家坨矿开采深度为 827m、范各庄矿开采深度为 829m。马家沟矿为煤与瓦斯突出矿井，赵各庄矿具有煤与瓦斯突出和冲击地压双重动力灾害，唐山矿具有冲击地压灾害，范各庄矿和东欢坨矿为底板突水矿井(图 7-1)。

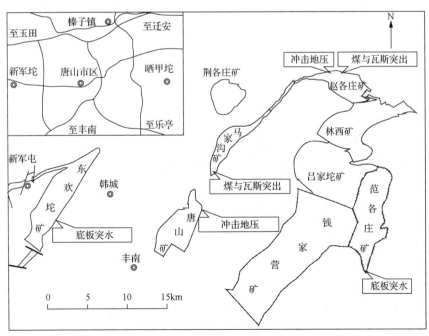

图 7-1 开滦矿区矿井分布图

位于开平向斜构造两翼的各矿之间瓦斯含量和煤与瓦斯突出矿井分布具有截然不同的特征。向斜西翼倾角大，煤体结构破坏严重，鳞片状、粉末状构造煤发育，东翼倾角小，煤体结构破坏轻微。位于向斜西翼的马家沟矿、赵各庄矿为突出矿井，唐山矿为高瓦斯矿井(瓦斯含量为 $3.85\sim15.5m^3/t$)。马家沟矿位于开平向斜西北翼中部，地层倾角在 45° 以上，局部地层有倒转。自 1964 年 9 月 9 日在七水平西翼二石门揭露 9 煤层发生首次突出以来，至今发生瓦斯动力灾害共 55 次。最大一次煤与瓦斯突出灾害突出煤 370t，涌出瓦斯 $7500m^3$。9 煤层和 12 煤层是主要煤与瓦斯突出煤层。赵各庄矿位于开平向斜转折端东北边缘，井田东翼煤层倾角在 30°左右，西翼煤层赋存复杂，从倾斜到急倾斜直至倒转。赵各庄矿于 1955 年在 7 水平 4 石门揭煤时发生了首次突出，至今已发生近 30 次。1973 年 9 月 15 日发生在 10 水平 7 中石门 9 煤层的煤与瓦斯突出强度最大，突出煤 100t，涌出瓦斯 $3000m^3$。9 煤层和 12 煤层是主要煤与瓦斯突出煤层。

7.1.2　矿区地质构造及其演化

1. 矿区地质构造

开平煤田位于河北省唐山市，大地构造位于华北板块北部，冀中块体内的燕山南麓中段。区域构造型式基本上以褶曲为主，北部山区因受纬向构造控制，以马兰峪复背斜为主体，构造线多呈东西向，出露了大面积的太古宙变质岩系与震旦纪地层。南部构造线多呈北东向，且大都为新生界地层所覆盖，其下伏震旦纪与下古生代地层，凹陷处保留了上古生代含煤地层，开平煤田便是其中之一(图 7-2)。

开平煤田为一北东向的大型复式含煤向斜构造。它包括开平向斜、车轴山向斜、弯道山向斜和西缸窑向斜 4 个含煤构造，其中开平向斜和车轴山向斜皆属长轴向斜，中夹卑子院隐伏背斜，三者构成了煤田的骨架构造。弯道山向斜、西缸窑向斜为开平向斜的次一褶曲级构造。开平煤田主体构造为一隔挡式褶皱，这些褶皱轴向大体为北东向，褶曲平行排列，向斜开阔，背斜紧闭。该褶皱由东至西依次为开平向斜、卑子院背斜、荆各庄向斜、缸窑向斜、车轴山向斜。

煤田内断裂构造也比较发育。一般在急陡的西北翼发育走向压性逆断层，也有俯冲的压性正断层和斜交的扭性断层，在平缓的东南翼，则以张-张扭性的高角度倾向或斜交的正断层为主。

开平向斜规模最大，为煤田的主体构造，总体轴向为 30°～60°，在古冶区附近往北逐渐转为近东西向，向斜轴向南西方向倾伏，轴线偏西，轴面向北西倾斜。向斜北西翼地层倾角陡立，局部直立或倒转，构造复杂；南东翼较缓，构造较简单。开平向斜西翼地层在唐山矿东部往南，被 Fv 逆断层切割；往北至马家沟矿范围内，地层倾角逐渐增大，一般大于 45°，局部甚至直立和倒转，构造以走向断层为主，性质多样；再往北，向斜轴向逐渐转为东西向，地层倾角由陡逐渐变缓进入向斜浅部转折端。与西翼相比，东翼地层较为平缓，一般倾角为 10°～15°。次级小褶曲发育，断层较少，构造较为简单(图 7-3、图 7-4)。

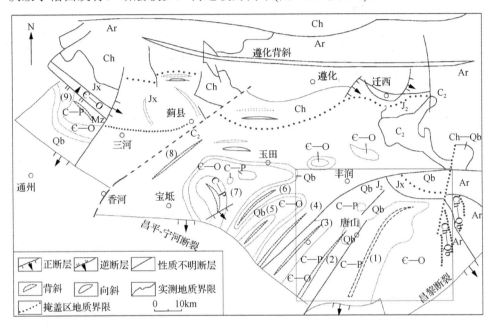

图 7-2　区域构造简图

(1)-开平向斜；(2)-卑子院背斜；(3)-车轴山向斜；(4)-丰登坞背斜；(5)-窝洛沽向斜；(6)-桥头背斜；
(7)-蓟玉向斜；(8)-邦均背斜；(9)-三河向斜

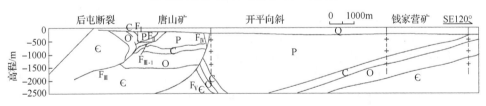

图 7-3　开平向斜剖面(A-A′剖面)

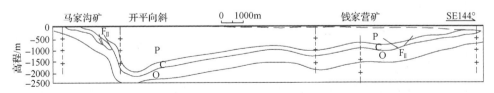

图 7-4　开平向斜剖面(B-B′剖面)

2. 矿区构造演化

(1)印支运动前中晚元古代至三叠纪早期。华北板块经历了被动大陆边缘—主动大陆边缘—碰撞推覆造山的历程。开平煤田处于华北板块内，构造变形微弱，处于稳定的"地台"发展阶段，地壳运动以区域性升降活动为主。

(2)印支期。在南北向挤压力的作用下，燕山地区形成东西向延伸的褶皱和造山带，开平煤田位于华北板块北缘、燕山造山带南缘，变形相对比较微弱，该期应力场作用对研究区作用并不明显。

(3)燕山早中期。华北古板块东部在燕山早期造山运动十分强烈，由板缘向板内逆冲推覆构造活动达到高潮。在北西-南东向应力场作用下，遵化背斜南翼形成一组北东向隔挡式褶皱，向斜开阔，背斜紧闭，表现为东强西弱，包括开平向斜、卑子院背斜、车轴山向斜、丰登坞背斜等。开平煤田形成北东或北北东向构造格架，开平向斜北西翼地层陡倾，且发育大量压性、压扭性逆断层，南东翼地层平缓，断裂相对较少；在开平向斜西翼形成唐山推覆构造，在向斜南翼地层形成杜军山背斜、黑鸭子向斜和吕家坨背斜，与开平向斜轴平行排列，并且在褶皱区发育大量张性断裂。

(4)燕山晚期—喜马拉雅期第Ⅰ幕。开平煤田在前期形成的各种结构面，该阶段均受到拉张应力作用，转化为张性或张裂性结构面。

(5)喜马拉雅期第Ⅱ幕至现今。北东东-南西西向区域构造应力场作用下，在开平向斜南翼产生一组轴向北北西的裙边褶皱，如毕各庄向斜、南阳庄背斜、高各庄向斜皆是在该作用力场下形成的。与开平向斜北西翼压性、压扭性断裂相比，南东翼大多数断裂构造是近东西向挤压应力作用的产物或改造产物[220]。

开平煤田经历了多期次、不同方向、不同性质构造应力场的作用，不同期次形成的构造相互叠加与改造而造就了现今如此复杂的构造面貌。燕山早中期北西-南东向挤压构造运动形成了开平煤田的主体构造；燕山晚期—喜马拉雅期Ⅰ幕，北西-南东向拉张体制作用下，对前期形成的压性构造进行了改造的同时，局部发生构造反转；喜马拉雅期Ⅱ幕至现今，在近东西向挤压应力作用下，形成了开平煤田现今的构造格局。

7.1.3　开滦矿区现代地壳运动

1. 华北板块及其动力学特征

华北板块东距太平洋板块边界近 1000km，西距印度板块边界约 2000km，是欧亚板块内部一个新生代相对活跃的岩石圈活动单元。华北板块的动力学状态主要表现为受印度板块和太平洋板块运动产生的水平挤压应力场。

2. 华北板块内部的现代地壳运动

在上述动力学环境作用下，华北板块总体应力状态是北东东向挤压，其运动以近东西向的移动为主。因此，华北板块的东西向边界走向滑动较为明显，南北向边界则主要表现为张性和压性边界(图 7-5)。

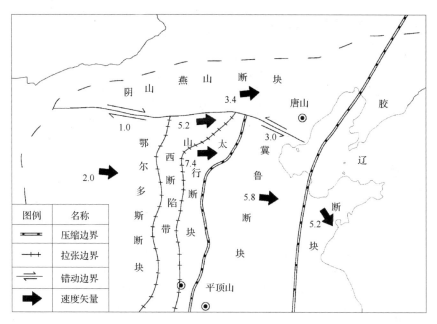

图 7-5 华北地区块体及其边界的相对运动

从图 7-5 可见，除阴山-燕山断块的南边界，也就是阴山、燕山南麓—北京—唐山—渤海这一边界的走滑运动较为突出外，其他内部边界主要表现为拉张和压缩边界。其中 1992～1995 年，阴山-燕山块体同其他块体之间存在一定的走滑错动，西部为右旋走滑，东部为左旋走滑，幅度为 1～2mm，但方向相反。其他块体之间走滑不明显，鄂尔多斯和山西块体、山西块体和太行块体之间表现为张性，太行块体和冀鲁块体、冀鲁块体和胶辽块体之间表现为压性。1996～2001 年，鄂尔多斯块体又恢复了东向运动，阴山-燕山块体同其他块体之间的走滑方向上也趋于一致，东部和西部均为左旋走滑，走滑幅度有所降低，为 1～2mm。开滦矿区所处的阴山-燕山断块与胶辽断块的边界始终表现为压性边界。

3. 开滦矿区现代地壳运动

依据《中国现代地壳垂直形变速率图》，将华北板块现代垂直构造运动划分为 8 个主要次级单元和 4 个较小的下降区(图 7-6)。上升区受挤压作用，下降区受拉张作用[221]。

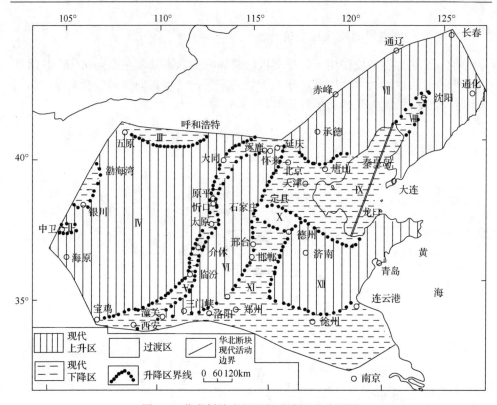

图 7-6 华北板块内部现代升降运动分区图

I-银川下降区；II-中卫下降区；III-五原—青城下降区；IV-鄂尔多斯上升区；V-汾渭下降带；VI-太行上升区；
VII-冀辽上升区；VIII-下辽河下降区；IX-渤海下降区；X-定县—德州过渡区；XI-冀豫下降区；XII-齐鲁上升区

开滦矿区位于渤海下降区和冀辽上升区交界，现代地壳运动比较复杂。渤海下降区由唐山—宁河、北京、天津、沧州及黄河口等下降区组成。1910～1977 年天津北炮台海平面证明渤海岸下降速度为 4.7mm/a。1953～1978 年的平均下降速度约为 4.5mm/a。冀辽上升区的北界大体沿延庆、赤峰、通辽、通化一线展布。南临渤海下降区。该上升区与渤海下降区对比，平均年上升速度 5mm 左右。与下辽河下降区比较约为 2.5mm。总体上，开滦矿区现代地壳运动表现为北东—北东东向挤压作用下的上升运动。

7.1.4 矿区地应力场特征

1. 区域现今构造应力场特征

中国大陆及邻区构造应力场明显受周边板块作用的控制，大陆内部由于构造格局及其运动的差异，应力状态的区域特征十分明显。华北板块构造力源主要为太平洋板块向西俯冲的作用和青藏块体向北运移的联合作用力。现今构造应力场特征为，最大主压应力方向为北东—北东东(图 7-7)，构造应力张量结构以走滑型为主，兼有一定数量的正断型[222]。

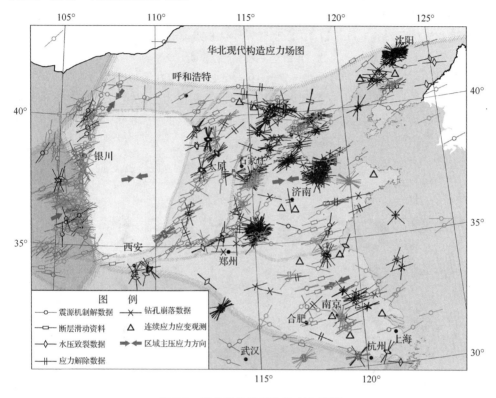

图 7-7 华北板块现代构造应力场图

谢富仁等[223]依据构造应力的力学属性、变形特征及其力源，将中国大陆及邻区现代构造应力场分为 2 个一级应力区、4 个二级应力区、5 个三级应力区和 26 个四级应力区。唐山地区属于中国东部应力区(一级应力区)→东北—华北应力区(二级应力区)→华北应力区(三级应力区)→华北平原应力区(四级应力区)。东北—华北应力区力源主要为太平洋板块向西俯冲的作用和青藏块体向北运移的联合作用力。构造应力场特征为，最大主压应力方向为北东—北东东，构造应力张量结构以走滑型为主，兼有一定数量的正断型，正断型应力结构主要分布在山西和鄂尔多斯周边地区。唐山地区区域现代构造应力场最大主压应力方向为北东—北东东。

1976 年 7 月 28 日唐山发生了 7.8 级大地震，这充分说明了唐山地区的强地壳活动性。此后，唐山地震的余震活动频繁，如震后 15 个小时发生了滦县 7.1 级地震，时隔近 4 个月后 1976 年 11 月 15 日发生宁河 6.9 级地震。唐山地区 1970 年 1 月 1 日～2011 年 12 月 31 日地震共计 741 次。

2010 年 3 月 6 日 11：00，在河北省滦县与唐山市辖区交界北纬 39.68°，东经 118.48°发生 4.7 级地震。截止到 3 月 11 日，共发生余震 223 次，其中 0.1～0.9 级地震 10 次，1.0～1.9 级地震 126 次，2.0～2.9 级地震 24 次，3.0～3.9 级地震 5 次，最大余震 3.6 级。在 3 月 6 日 10：49 曾发生 3.8 级前震。余震主要集中在 48h 内，之后余震次数明显减少，3 月 11 日之后基本无余震。

对 2010 年 3 月 6 日 10：49～7 日 19：46 发生的 2.0 级以上的 27 次地震反演的震源机制表明，震源机制类型以正断层和走滑断层为主，走滑地震的 P 轴方位以北北东向为主，主要受区域应力场控制，位置较近的 1976 年 7 月 28 日 7.1 级强余震也是正断层[224]（图 7-8）。

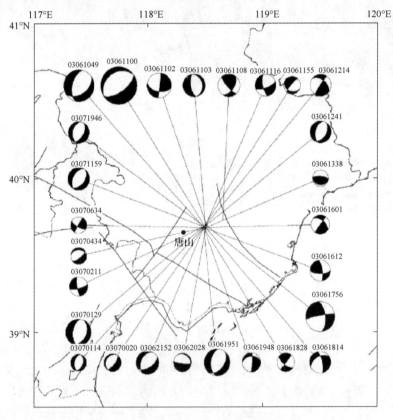

图 7-8　唐山地区 2011 年地震震源机制解

2. 矿区地应力场特征

为了确定矿区不同区域构造应力特征，利用空心包体地应力测量方法在开滦矿区进行了地应力测量。测量地点如图 7-9 所示，测量数据见表 7-1。地应力测量结果综合投影如图 7-10 所示。

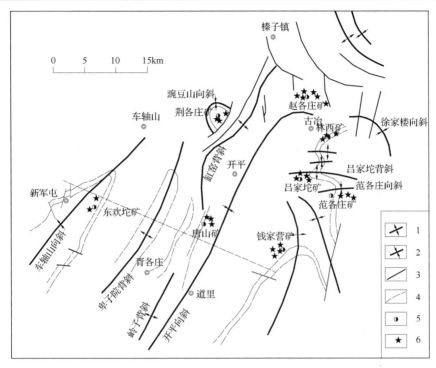

图 7-9　开滦矿区地应力测量地点

1-背斜；2-向斜；3-断层；4-地层边界；5-矿井；6-地应力测点

表 7-1　开滦矿区地应力测量结果

矿井	深度/m	最大主应力			中间主应力			最小主应力		
		量值/MPa	方位/(°)	倾角/(°)	量值/MPa	方位/(°)	倾角/(°)	量值/MPa	方位/(°)	倾角/(°)
赵各庄	−952	66.75	276.00	7.00	32.32	343.30	79.20	20.10	204.90	8.20
	−952	85.44	273.60	−0.87	41.21	4.70	50.30	18.39	207.00	39.60
	−1123	37.34	193.50	7.63	31.85	76.74	76.74	24.60	0.32	82.17
	−1135	36.70	25.50	6.30	16.38	66.69	66.69	13.95	132.95	69.80
	−1142	43.01	134.73	5.79	31.60	46.12	46.12	27.10	21.93	75.35
	−1238	38.90	195.70	10.20	31.70	51.00	65.40	26.60	101.50	22.10
	−1230	51.20	108.20	5.60	30.90	56.90	84.20	22.60	198.40	1.50
	−1142	35.30	162.60	2.20	28.80	51.20	84.00	27.10	252.80	5.60
荆各庄	−410	27.40	136.00	3.00	14.30	46.00	1.00	12.80	—	86.00
	−410	17.30	132.00	24.00	14.00	45.00	6.00	12.90	—	64.00
	−410	18.70	130.00	8.00	15.10	42.00	17.00	10.80	—	70.00
唐山	−830	29.50	131.00	2.80	21.30	—	78.00	21.00	41.00	17.20
	−830	33.00	148.00	8.70	20.20	—	58.50	18.50	53.00	29.90
	−690	33.63	239.74	13.79	17.94	58.23	62.38	16.15	155.84	23.43

续表

矿井	深度/m	最大主应力			中间主应力			最小主应力		
		量值/MPa	方位/(°)	倾角/(°)	量值/MPa	方位/(°)	倾角/(°)	量值/MPa	方位/(°)	倾角/(°)
钱家营	−630	31.80	131.60	4.10	16.80	—	61.00	15.30	43.90	29.50
	−630	34.30	66.00	3.00	15.20	—	58.10	14.50	155.00	31.70
	−847	36.85	129.54	7.90	22.85	79.05	80.99	19.07	218.94	4.26
	−808	36.04	129.95	5.65	21.49	49.98	60.39	13.64	216.81	28.95
范各庄	−650	24.34	103.00	3.78	16.01	—	78.68	13.90	193.00	10.66
	−650	20.46	142.00	1.31	15.31	—	81.88	7.64	52.00	8.01
	−450	18.91	119.00	0.73	12.31	29.00	5.38	9.04	—	84.57
吕家坨	−830	20.53	253.00	12.9	19.38	—	73.90	16.33	163.00	9.30
	−880	22.85	222.00	3.10	15.41	—	82.80	9.97	132.00	6.40
	−825	26.64	128.87	23.97	21.95	47.19	65.98	15.49	219.52	1.46
	−974	34.36	247.65	18.48	26.07	63.53	63.09	19.18	164.20	18.85
东欢坨	−530	22.96	79.00	8.16	12.09	—	85.90	7.38	169.00	9.96
	−260	14.22	104.00	8.11	7.15	—	78.91	6.50	14.00	7.51
林西	−980	46.27	154.25	14.24	24.58	28.67	75.74	7.62	244.07	0.70
	−881	45.19	182.29	10.27	22.53	55.78	73.07	11.85	94.75	13.31
	−879	45.08	173.21	26.46	22.31	85.75	21.05	12.88	217.73	55.09

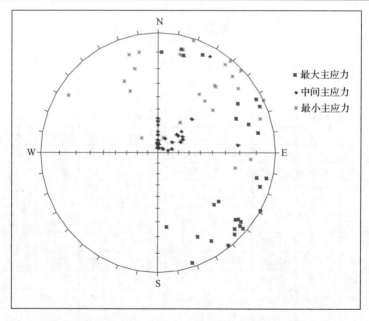

图 7-10 开滦矿区地应力测量结果综合投影图

　　开滦矿区地应力场测量结果表明，矿区不同位置的矿井，其地应力场作用特征也具有一定的差异性。这一差异性主要体现在两个方面：①不同矿井，在相近或者相同的测量深度下，其地应力的量值也具有很大的差异；②不同矿井，其最大主应力的方位具有一定的差异，即其构造应力作用方位具有一定的差异。

　　根据地应力测量结果，选取深度分别为–600m、–1000m 计算区域最大主应力，结果如图 7-11 和图 7-12 所示。

　　从开滦矿区–600m 深度最大主应力分布情况来看，位于矿区北部的林西矿应力值最大，位于东部中间的吕家坨矿最小，吕家坨矿东部的范各庄较吕家坨略大，钱家营矿相对二者大一些，东欢坨矿处于平均水平。总体上从开平向斜北端最大主应力值最大，南部钱家营矿次之，其间的吕家坨矿和范各庄矿相对要小很多（图 7-11）。

　　在–1000m 深度，应力仍然表现为林西矿最大，东欢坨矿已与钱家营矿相差无几，属于相对较高的区域，吕家坨矿和范各庄矿相对较小，且吕家坨矿应力值较范各庄矿大（图 7-12）。

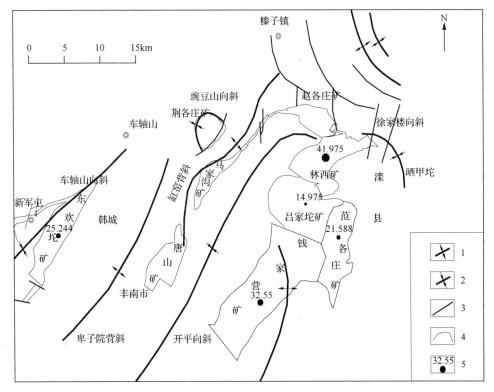

图 7-11　开滦矿区–600m 深度最大主应力值

1-背斜；2-向斜；3-断层；4-井田边界；5-地应力

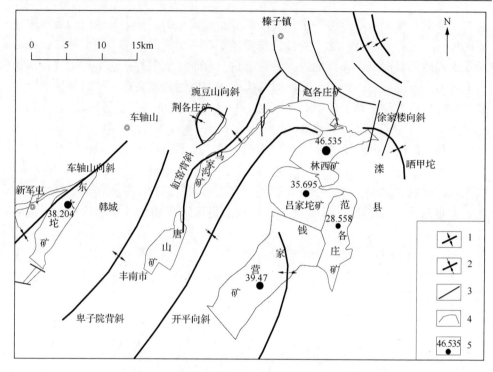

图 7-12 开滦矿区-1000m 深度最大主应力值

1-背斜；2-向斜；3-断层；4-井田边界；5-地应力

从开滦矿区不同深度最大主应力分布情况来看，开平向斜轴北端的林西矿应力水平最高，向斜轴南部的钱家营矿应力水平也相对较高，远离向斜轴的范各庄矿应力水平相对较低。随着深度的增加，位于矿区不同位置应力值增加的幅度有所不同。在-600m 和-800m 深度时，吕家坨矿应力值相对较小，当达到-1000m 和-1200m 时，吕家坨矿应力值增加的幅度要高于其他矿井，随着深度的增加，吕家坨矿应力作用达到了一个较高的水平。

对比开滦矿区主应力值分布规律和矿区构造的关系可以得到如下认识，开滦矿区地应力作用水平受到了开平向斜的影响和控制。与理论分析结果相同，向斜的轴部一般为应力集中区，地应力作用水平相对较高，随着向向斜两翼过渡，地应力作用水平逐步降低。

以开滦矿区地应力测量结果为基础，提取最大主应力的方位信息，统计分析矿区地应力场方位分布特征。图 7-13 为开平煤田最大主应力方位图。从图中可以看到，位于矿区北部的赵各庄矿和林西矿，最大主应力作用方位为近南北向。随着从北部向南部过渡，最大主应力作用的方位逐渐偏离了近南北向，如在吕家坨矿和钱家营矿，部分测点的最大主应力方位角为北东向。开滦矿区地应力场最大主应力作用方位与开平向斜密切相关，最大主应力方位近似垂直于开平向斜轴，在开平向斜东北端，即赵各庄矿和林西矿，最大主应力方位近南北向，在开平向斜西南端，即唐山矿、钱家营矿、吕家坨矿、范各庄矿等，最大主应力方位为北西向，在开平向斜轴北东向向南北向过渡的区域，最大主应力方位也随之逐步由北西向过渡为近南北向。

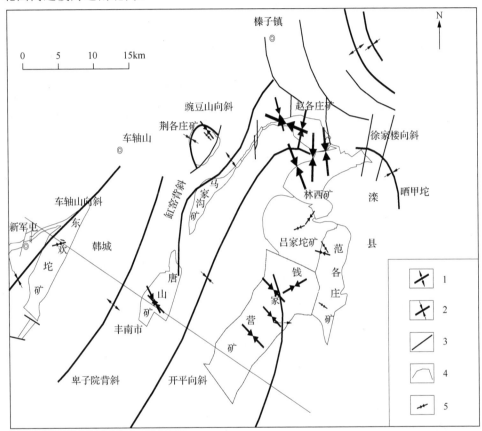

图 7-13　开滦矿区最大主应力方位分布

1-背斜；2-向斜；3-断层；4-井田边界；5-地应力

7.1.5　矿区构造演化对煤与瓦斯突出的控制

开滦矿区煤系经历了 4 个演化阶段(图 7-14)：阶段Ⅰ为缓慢沉降阶段，从石炭纪到三叠纪早期；阶段Ⅱ为缓慢隆升阶段，从三叠纪晚期到侏罗纪晚期，由于燕山运动的影响，矿区地层大规模隆升；阶段Ⅲ为稳定下降阶段，从侏罗纪晚期到白垩纪中期，含煤地层基本稳定；阶段Ⅳ为快速抬升阶段，从白垩纪中期延续至新近纪。

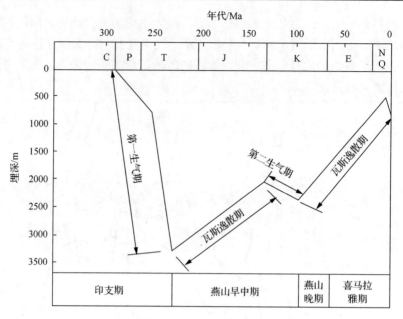

图 7-14　开平煤田煤层埋藏史

　　同样,含煤地层的热史亦可以划分为 4 个阶段:阶段 I(石炭纪至三叠纪晚期),矿区经历了缓慢沉降阶段,古地温场持续升温,煤层最大埋深达到 3300m,煤层受热温度达 115℃,形成第一次生气高峰;阶段 II(三叠纪晚期到侏罗纪晚期),由于燕山运动的影响,煤层缓慢抬升,瓦斯逸散;阶段 III(侏罗纪晚期到白垩纪中期),由于喜马拉雅运动的影响,区域岩浆作用导致古地温异常,煤层变质程度大大提高,煤层埋深约达 2400m,煤层受热温度达 150℃以上,煤层二次生气;阶段 IV(白垩纪中期延续至新近纪),地壳快速抬升,煤中瓦斯逐步逸散。在开平向斜北西翼因地层倾角陡、封闭性逆断层发育及推覆构造等,导致煤中瓦斯不易逸散,而南东翼因地层倾角较缓、开放性正断层发育而导致瓦斯易于逸散,瓦斯含量整体偏低(图 7-15)[225]。

　　位于开平向斜构造两翼的各矿之间瓦斯含量具有截然不同的特征。开平向斜西翼的马家沟矿 9 煤层原始瓦斯压力为 2.27MPa,原始瓦斯含量为 15.0m³/t。赵各庄矿靠近开平向斜轴部附近瓦斯含量最高,9 煤层瓦斯含量平均为 8.5m³/t,西部区域平均为 7.0m³/t,瓦斯压力为 1.1~1.4MPa。唐山矿 5 煤层、12 煤层到井田深瓦斯含量增大到 6 m³/t,8 煤层、9 煤层瓦斯含量达到 8m³/t。远离开平向斜轴部的钱家营矿、吕家坨、范各庄矿瓦斯含量很低(瓦斯含量为 0.15~1.69m³/t),没有发生煤与瓦斯突出。以主采煤层 9 煤瓦斯含量分布为例,开平向斜轴部和两翼瓦斯特征明显不同,向斜轴部附近受挤压作用瓦斯含量明显高于向斜两翼(图 7-16)。

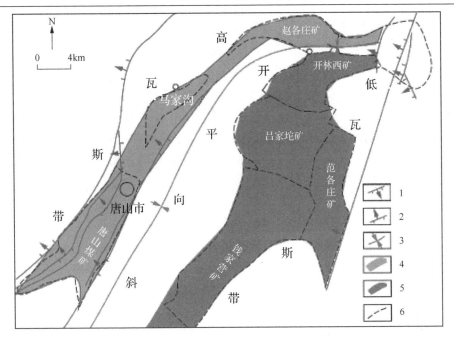

图 7-15 开滦矿区瓦斯分布

1-正断层；2-逆断层；3-向斜；4-高瓦斯带；5-低瓦斯带；6-矿井边界

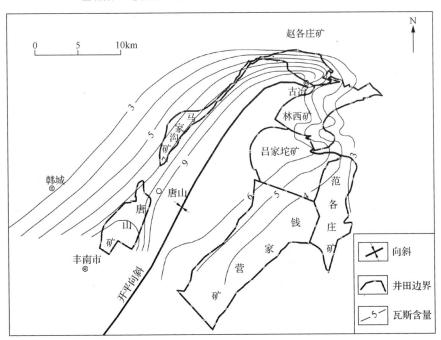

图 7-16 9 煤层瓦斯含量等值线

开平向斜西翼煤层倾角大,煤层间的相对滑动量大,因此构造煤发育,特别是开平向斜西翼还叠加发育了推覆构造,形成了对煤体结构的进一步破坏[226]。马家沟矿、赵各庄矿位于开平向斜西翼轴部附近,马家沟矿煤体结构破坏严重,鳞片状、粉末状构造煤发育,煤体渗透性差;赵各庄 9 煤层靠近向斜附近区域,构造煤发育明显较其他区域严重,煤层坚固系数 f 最小为 0.14,最大也未超过 0.5,瓦斯放散初速度 ΔP 一般小于 10mL/s。此外,由于开滦矿区 9 号煤层厚度大(平均厚度为 3.47m,最厚达到 10.00m),因而也成为向斜形成过程中破坏最为严重的煤层。钱家营矿等位于开平向斜东翼,且远离向斜轴部,煤层倾角小,煤体结构破坏轻微。

开滦矿区构造应力场的挤压作用使得向斜轴部煤层表现出高瓦斯、低渗透性特征,加之构造作用造成的煤体强度的降低,因此向斜轴部具有更大的煤与瓦斯突出危险性,而处于向斜翼部的矿井,由于构造应力相对较弱,因此渗透性相对较高,瓦斯含量较低,不具备煤与瓦斯突出的条件。因此,开平向斜构造对开滦矿区煤与瓦斯突出形成了重要的控制作用。

7.2　阜新矿区煤与瓦斯突出的构造控制

7.2.1　矿区概况

阜新矿区位于辽宁省西部的阜新盆地内。阜新盆地地理坐标东经 121°15′～121°50′,北纬 41°30′～42°10′,盆地总体走向北北东,南北长 85km,东西宽 8～20km,总面积 1500km²。盆地东侧为医巫闾山山脉,西侧为松岭山脉,盆地内地形为低缓丘陵。地层由下白垩统义县组、九佛堂组、沙海组、阜新组和上白垩统孙家湾组构成,含煤地层主要为阜新组,其次为沙海组。区内交通十分方便,新义铁路贯穿全区,有直达北京、丹东、沈阳、赤峰、上海的列车;公路四通八达(图 7-17)。

阜新矿区含煤面积 825km²,可采面积约 500km²,是一个具有百年开采历史的老矿区。矿区的 11 个国有矿井中有 4 个高瓦斯矿井和 2 个突出矿井(表 7-2)。矿区煤与瓦斯突出灾害频繁发生,据不完全统计,自 1950 年以来,矿区因瓦斯灾害造成的伤亡事故 30 余起,其中王营矿(现恒大公司)发生煤与瓦斯突出 13 起以上。

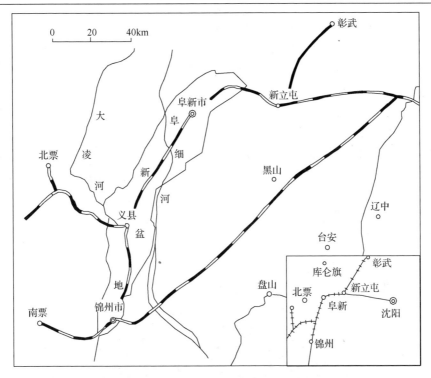

图 7-17　阜新矿区交通位置

表 7-2　阜新矿区各生产矿井瓦斯等级鉴定表（2005 年）

指标	清河门	艾友矿	五龙矿	伊玛矿	恒大公司	五龙矿	海州立井	八道壕	海州矿西部井	海州矿东部井	清河门南风井
相对涌出量/(cm³/t)	17.56	20.6	0.57	2.22	16.2	23.36	14.15	3.92	2.72	1.66	7.01
绝对涌出量/(cm³/min)	30.24	82.71	0.39	2.99	50.92	91.83	36.96	9.97	0.15	0.26	0.73
爆炸指数/%	41.47	39.01	41.15	43.85	43.92	39.23	39.71	37.21	45.35	39.11	45.11
发火期/月	6~12	6	12	12	3	3	3	6~12	3	3	6~12
瓦斯等级	高	突	低	低	突	高	高	低	低	低	低

7.2.2　矿区地质动力状态分析

1. 阜新构造凹地的地壳活动性

阜新构造凹地两侧分别为闾山山脉和松岭山脉，构造凹地剖面如图 3-4 所示。1990 年 9 月 23 日～2004 年 10 月 14 日，阜新地区发生 $M_L \geqslant 1.0$ 级矿震约 2079 次，其中 0～0.9 级 736 次，1.0～1.9 级 1118 次，2.0～2.9 级 159 次，3.0～3.9 级

66 次[227]。最大的是 2004 年 6 月 19 日及 10 月 3 日的两次 M_L3.8 级矿震。阜新矿区五龙矿、海州立井和孙家湾矿等 6 个矿井具有冲击地压灾害，冲击地压总数已超过 100 次，其中海州立井在 2000~2006 年发生冲击地压 19 次，五龙矿在 2002~2006 年发生冲击地压 14 次。

阜新矿区地震震级、深度和空间分布关系如图 7-18 所示。从地震深度分布来看，可以分为两个层次，第一层次为 0~2km 范围内，这一深度的地震表现出数量多、震级小的特点（M_L≤3.0）。另一层次在 5.0~10km，地震数量少，震级大（M_L≥3.0）。根据以上分析来看，阜新矿区总体上具有非常活跃的地质动力状态，另外浅层（0~2.0km）的地震可能与采矿活动具有密切的关系。对于矿山开采诱发地震的研究结果表明，矿山开采诱发地震和天然构造地震具有相似的机制，二者都是应力集中引起的岩石破裂集结和应变能释放。因此阜新盆地具有活跃的地质动力状态。

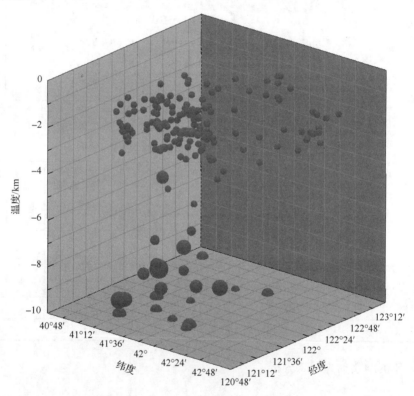

图 7-18　阜新矿区地震分布状态

阜新矿震和东北浅震在密集—平静的时间进程上有一定的同步性。即当阜新矿震活跃时段，东北的浅震活动也相对活跃。当东北浅震活跃的时段，相应的阜新矿震活动也相对活跃。但是阜新矿区的地震也具有其特殊性，如在 2004 年之后，阜新矿区的地震频度和震级出现明显增强。这一点与东北区域的浅层地震规律不相一致(图 7-19)。

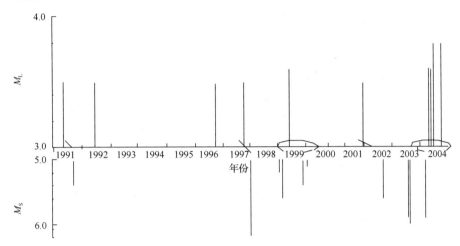

图 7-19　1990 年以来阜新矿震($M_L \geqslant 5.0$)和东北浅震($M_S \geqslant 5.0$)的 $M\text{-}t$ 图[213]

已有研究成果表明,早白垩世形成的陆相断陷盆地,早白垩世末期在北西西-南东东区域应力场作用下盆地发生整体反转,形成了一系列北北东向和北东向的断裂和褶皱。新近纪以来,阜新盆地总体处于北东东-南西西向挤压区域构造应力场下[228-233]。由于区域应力场的持续挤压状态,阜新构造凹地保持了较高的构造应力水平。在局部区域通过地震等方式释放积累的能量。

2. 矿区地应力场

为了研究阜新构造凹地现今应力场的状态,采用空心包体方法进行了现今地应力场,测量地点位于构造凹地中部的五龙矿井田内。

从地应力测量结果可以看到(表 7-3),第 3 测点所得到的最大主应力方向与另外两个差别很大,华北与东北是以北东东向水平挤压应力和北北西向水平拉张应力为特点的,所以第 3 测点并不能代表盆地内地应力的普遍状态,这里对盆地应力场方位的探讨主要依据第 1 测点和第 2 测点进行。地应力总体趋势是随深度增加,在地壳浅部主应力的变化范围很大,数据比较离散。3 个测点最大主应力为 29.45～31.89MPa。最大主应力垂直应力的比值为 1.57～1.63。最大主应力与最小主应力的比值分别为 2.52、1.79、2.77,可见矿区承受了较高的水平构造应力,且差应力很大。最大主应力方位为 100.3°～102.3°,表明现今应力场的挤压作用方向为北西西—近东西向,与盆地所处的北东东-南西西向挤压的区域大地构造应力场一致,二者的差异可能与研究对象的边界条件有关。

表 7-3　阜新矿区地应力实测结果（五龙矿）

编号	地点	深度/m	主应力类别	量值/MPa	方位角/(°)	倾角/(°)
1	−600m 西一石门立眼	773	最大主应力	29.45	102.3	15.3
			中间主应力	18.03	341.0	62.2
			最小主应力	11.69	198.9	22.6
2	−600m 东一石门火药库	774	最大主应力	31.89	100.3	21.0
			中间主应力	20.57	317.3	64.3
			最小主应力	17.79	195.9	14.1
3	−365m 西一石门	539	最大主应力	29.78	230.1	31.7
			中间主应力	15.17	355.8	43.4
			最小主应力	10.76	119.1	30.1

7.2.3　阜新矿区地质构造及其演化

1. 地质构造特征

阜新盆地位于华北板块与西伯利亚板块缝合带以南，即位于东西向的赤峰-开原断裂以南和郯庐断裂所夹持的区域（图 7-20）。赤峰-开原断裂和郯庐断裂是两条岩石圈深断裂，前者是西伯利亚板块和华北板块的分界线，后者为中国东部的一条巨型走滑断裂带。该地区盆地的形成和演化过程与这两条岩石圈深断裂的活动密切相关[234]。

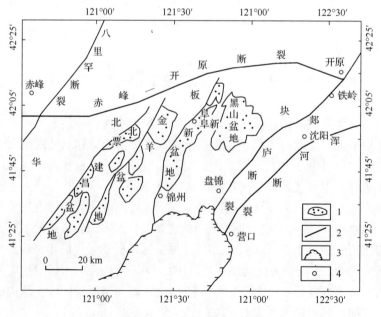

图 7-20　阜新盆地构造位置

1-盆地；2-断裂；3-海岸线；4-地名

　　阜新盆地的四周特别是东西两侧由多条不同性质和位移方式的断裂围限。盆地东西两侧为松岭断裂和阊山断裂。两条断裂均向盆地内倾斜，呈阶梯状，上部倾角较大，下部变缓，中央相对下降，边缘相对抬升。盆地次一级构造以呈北北东向（南部）或北东向（北部）雁列式排列的褶皱为主。盆地内次一级断裂构造主要有四组，即北北东向、北西西向、北北西向和北东东向（图 7-21）。各组断裂特征分述如下：

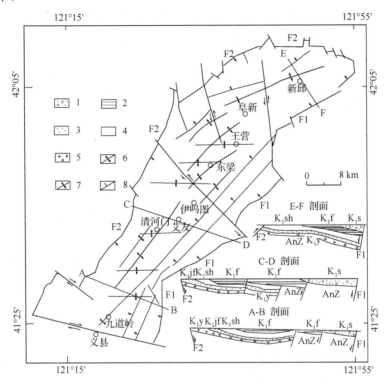

图 7-21　阜新盆地构造图（据文献[235]，有修改）

1-砂砾岩；2-煤；3-砂岩；4-泥岩；5-火山岩；6-向斜轴；7-背斜轴；8-断裂

　　(1)北北东向断裂，盆地内广泛发育，断层面上常见三组擦痕，垂直下滑擦痕、反扭斜冲擦痕、水平顺扭擦痕，后者依次切割前者。表明这组断裂在盆内具有先张（正断层）后压（逆断层或斜冲断层）的力学性质和位移方式的转化。

　　(2)北西西向断裂，盆内分布较少，但规模较大，如大凌河断裂和佛寺断裂。断裂破碎带较宽，断层面附近出现发育的构造透镜体。在老地层中出现范围较大的揉皱化、透镜化和糜棱岩化等现象。断层面发育的擦痕有三组，水平反扭擦痕、垂直上冲擦痕、垂直下滑擦痕，后者依次切割前者。

　　(3)北北西向断裂，盆内分布较多，断层面平直陡立，破碎带狭窄。可见三组擦痕，垂直上冲擦痕、水平反扭或反扭斜冲擦痕和顺扭水平擦痕，后者依次切割前者。少数断层的断层面呈明显的舒缓波状。

(4)北东东向断裂，断层面平直陡立，少数参差不齐，断层角砾均具棱角状，胶结疏松。规模大者，可见三组擦痕，按切割与被切割顺序为垂直下滑擦痕、近水平顺扭斜冲擦痕和水平反扭擦痕，所有断层的破碎带均较窄。

2. 构造演化过程

尽管阜新盆地位于赤峰-开原岩石圈断裂带以南，属华北聚煤区范畴，但是阜新盆地属于早白垩世陆相断陷盆地，其聚煤过程及后期构造演化与东北聚煤区相似。

阜新盆地主要发育三期断裂[228,230,236]。第一期为成盆前基底断裂(盆缘断裂)，即闾山断裂(F1)和松岭断裂(F2)，由一系列锯齿状正断层组成，控制盆地成生和发展。第二期为成盆期生长断裂，一种为北北东向张性、张扭性同沉积正断层，另一种为近东西向转换断层，该期断裂控制了盆地内的沉积。第三期为成盆后断裂，走向北北西向的正断层及北北东向或北东向的褶皱，使盆地沉积地层遭受后期改造。

早三叠世(印支运动第Ⅰ幕)南北向挤压的地壳运动使得盆地南北侧形成东西向背斜、隆起带和冲断裂[237]。三叠世中晚期的区域挤压应力转变为北西西-南东东向，本区形成了北北东向褶皱、隆起和断裂。早白垩世，中国东部地区表现为强烈的引张裂陷，闾山背斜的隆起部位沿先期的北东向和北北东向断层裂开，阜新地区开始裂陷，形成巨厚的义县组火山岩。在这一伸展体制下，盆地开始形成，并先后在盆地内接受了九佛堂组、沙海组、阜新组、孙家湾组沉积，同时也形成了北东向同沉积张性、张扭性断裂。早白垩世晚期，区域挤压应力方向转化为北西-南东向，盆地北北东向、北东向断裂发生构造反转，结束了盆地的裂陷活动，并隆升遭受剥蚀，盆地裂陷充填地层全部褶皱成一系列的北东向或北北东向的背斜、向斜，并使几乎所有先期的正断层转化成压性断裂。在西侧北部还产生了长城系逆冲于九佛堂组与沙海组之上的F3逆冲断裂。新近纪在北东东—近东西向挤压应力场作用下，在盆地部分地区形成北北西向褶皱、逆冲断裂。

综上所述，阜新盆地成盆前、成盆期及成盆后的构造形迹特征及其演化见表7-4。

7.2.4 构造及其演化对煤与瓦斯突出的控制

1. 构造演化与瓦斯生成

阜新盆地煤层大体经历了 3 个演化阶段(图 7-22)：阶段Ⅰ为缓慢沉降阶段，从白垩纪沙海组沉积期到孙家湾期，沙海组平均沉降速度为 66.1～74.8m/Ma，阜

表 7-4　阜新盆地中生代以来构造体系及应力场演化过程

宙	代	纪	世	区域构造应力场	盆地构造阶段	盆地构造体系
显生宙 Pz	新生代 Cz	第四纪(Q)	全新世(Q_2)	北东东-南西西向挤压	成盆后构造	北北西向构造
			更新世(Q_1)			
		新近纪(N)	上新世(N_2)			
			中新世(N_1)			
		古近纪(E)	渐新世(E_3)	北西西-南东东向挤压	成盆后构造	北北东向构造
			始新世(E_2)			
			古新世(E_1)			
	中生代 Mz	白垩纪(K)	晚白垩世(K_2)	北西西-南东东向拉伸	成盆期构造	北西西向构造
			早白垩世(K_1)			
		侏罗纪(J)	晚侏罗世(J_3)	北西西-南东东向挤压	成盆前构造	北北东向构造
			中侏罗世(J_2)			
			早侏罗世(J_1)			
		三叠纪(T)	晚三叠世(T_3)			
			中三叠世(T_2)			
			早三叠世(T_1)	南北均布挤压地壳运动	成盆前构造	东西向构造

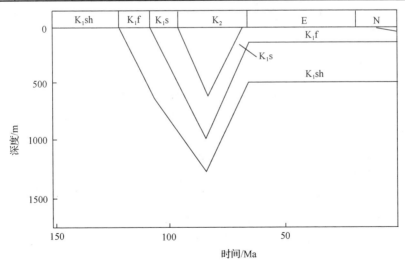

图 7-22　阜新盆地煤层埋藏史

新组平均沉降速度为 46.3～77.2m/Ma；阶段Ⅱ为隆升阶段，从白垩纪孙家湾期末到古近纪初，由于晚燕山运动的影响，盆地地层大规模隆升而遭受剥蚀，盆地最大隆升超过 1000m，平均为 500～1000m；阶段Ⅲ为相对稳定阶段，从新近纪延续至今，盆地定型，含煤地层基本稳定。在盆地构造-沉积控制下，阜新组煤系现今埋藏深度均在 1000m 以内，一般为 500～1000m。

同样，含煤地层的热史亦可以划分为 3 个阶段：阶段Ⅰ(从白垩纪阜新组沉积期到古近纪初)，盆地经历先陷后升，但古地温场基本保持一致，煤层形成第一次生气高峰；阶段Ⅱ(从古近纪初到新近纪)，由于喜马拉雅运动的影响，基性岩浆侵入煤层，古地温异常，靠近辉绿岩部位，煤层变质程度大大提高，煤层二次生气；阶段Ⅲ(从新近纪到现今)，盆地基本稳定，岩浆侵入结束，古地温恢复正常，煤层保持现今状态，煤化作用停止，但是由于煤层埋藏较浅，所以大量地表水下渗带入细菌，煤层产生次生生物气，与圣胡安盆地煤层气生气特征一致，这也是阜新盆地低阶煤生气量高的重要原因[238]。

2. 构造演化与瓦斯运移

盆地构造多期性演化，决定了盆地内瓦斯运移特征。早白垩世的晚燕山运动在本区表现为北西西-南东东向的拉张及右行走滑，成盆期发育的走向近南北、北北东、北东和近东西向 4 组主要断裂在这种应力场作用下主要表现为张性或张扭性。在早白垩世末期，即孙家湾组沉积之后盆地发生构造反转，这时盆地中 4 组主要断裂的封闭性特征又发生了变化：近东西向断裂因右行张扭活动而具开启性；北北东向的闾山断裂、松岭断裂因垂直于挤压方向成为压扭断裂，而具封闭性；近南北向和北东向断裂为压扭性断裂而具封闭性。晚白垩世—古近纪，盆地内部近南北向、北北东向断裂为压扭性，近东西向、北东向断裂为张扭性。因此，在早喜马拉雅期北东向断裂和近东西向断裂大部分时间处于开启状态，这一点也可在喜马拉雅期侵入岩分布上得到证实。新近纪到现今，主张应力轴为北北西向，断裂的开启性与封闭性也与早期类似。

不同方向的断裂经历了不同的演化方式和活动状态，因此对于瓦斯的赋存和运移具有不同的作用。例如，盆地王营—刘家区的煤层气 2002 年即已实现商业利用，而东梁和清河门—艾友区煤层气勘探突破不大[239]，原因主要在于虽然区域断层均为张性正断层，但前者在挤压作用下断层内普遍形成糜棱岩、断层泥等泥质充填，后者在拉张作用下断层内主要为砂砾岩和砂泥岩充填，所以前者的瓦斯保存条件优于后者。

3. 构造演化与煤体结构破坏

盆地形成后，构造应力场的演化可以分为两个阶段。第一阶段为晚白垩世—

古近纪，此时的构造应力场的主压应力方位为北西西-南东东向。新近纪至今，构造应力场的主压应力方位为北东东-南西西向。这两个阶段的断裂构造的应力状态和位移方式如图 7-23 所示。

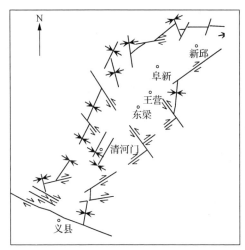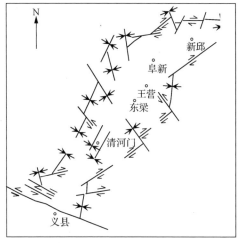

(a) 晚白垩世—古近纪   (b) 新近纪

图 7-23 不同时期断裂构造的应力状态和位移模式

自晚白垩世—古近纪以来，北北东向和近南北向构造始终在挤压应力作用下做压性逆冲运动，应力状态没有发生变化，煤体结构也在挤压作用下发生较为严重的破坏。北东向构造依然保持了右旋走滑运动特征，北西西向断裂依然保持走滑运动，滑动方位由左旋转变为右旋，应力因此得以通过发生再次破裂释放而成为相对的低应力带。煤体结构的破坏程度和破坏范围都不及北北东向和近南北向构造。北西西向构造的情况介于二者之间。

4. 构造及其演化对煤与瓦斯突出的控制

王营井田处于阜新矿区一级构造海州背斜和东梁背斜之间(图 7-21)，井田内的一级构造为横贯井田的王营子向斜。该向斜轴线西起乌土营子，东迄南瓦房，其中常家街—哈拉呼稍段为第四系掩盖，向斜轴走向 65° 左右，中部被三条北西向断裂切割成四段。向斜核部由孙家湾组组成，两翼为阜新组。向斜北西翼倾角 15° 左右，南东翼倾角 10°～20°。向斜北东端在南瓦房一带仰起，南西端被北河兰断裂切割。王营井田东西两侧分别是平安 F2 断裂和平西 F2 断裂，走向为北北西和近南北，井田西部王营子向斜轴走向近东西，而在井田东部转向北东(图 7-24)。

自新近纪以来，井田东部边界平安 F2 断裂和西部边界平西 F2 断裂均呈紧闭状态，遏制了井田内瓦斯顺层逸散，由此形成了良好的瓦斯赋存条件。显然，北

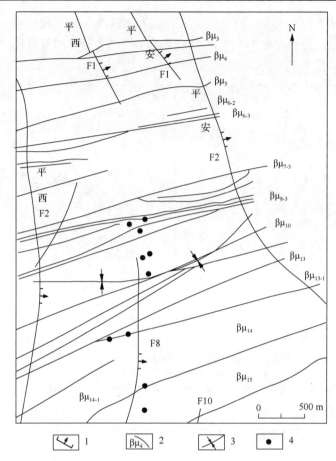

图 7-24　王营矿地质构造与煤与瓦斯突出
1-断裂带；2-岩墙；3-向斜；4-突出点

东走向的王营子向斜受近于垂直向斜轴的挤压作用，向斜上部煤岩层中裂隙和微孔隙被压实、闭合，阻止了瓦斯的逸散，而向斜构造煤系下部受拉伸作用，煤岩层中的割理、节理、微孔隙等得以扩张，扩大了瓦斯的聚集空间，有利于瓦斯的赋存，于是形成了高瓦斯压力和高构造应力带。

井田内 F8 断裂走向近南北，自新近纪以来始终在挤压作用下呈挤压或压扭状态，断裂带及两侧一定范围内煤体结构遭受破坏，强度降低，同时在现今北西西向的挤压应力作用下，使得断裂带受近于垂直断裂走向的挤压作用，形成应力升高带，同时又位于与王营子向斜轴部的交叉部位，成为煤与瓦斯突出的多发地带（图 7-24）。

此外，王营井田内古近纪—新近纪岩浆侵入也对煤层结构、瓦斯赋存产生了重要影响[240-242]。煤与瓦斯突出也受到岩浆侵入带的影响。

参 考 文 献

[1] 张子敏, 林又玲, 吕绍林, 等. 中国不同地质时代煤层瓦斯区域分布特征[J]. 地学前缘, 1999, 6(B05): 245-250.

[2] Josien J P, Luneau C. Outbursts of coal and gas in France: Their development and methods used to control them. UN-ECE Symp of Forecasting & Prevention of Rock Bursts and Sudden Outbursts of Coal, Rock & Gas, Ostrava, 1989.

[3] 张祖银. 国外煤和瓦斯突出概况和预测方法[J]. 焦作矿业学院学报, 1988, (S1): 136-148.

[4] 袁亮. 我国深部煤与瓦斯共采战略思考[J]. 煤炭学报, 2016, 41(1): 1-6.

[5] 国家安全监管总局, 国家煤矿安监局. 煤矿安全生产"十三五"规划[EB/OL]. [2017-8-22]. http://www.chinasafety.gov.cn/newpage/Contents/Channel_6289/2017/0612/289767/content_289767.htm.

[6] 国家能源局. 煤层气(煤矿瓦斯)开发利用"十三五"规划[EB/OL]. [2017-8-22]. http://www.gov.cn/xinwen/2016-12/04/content_5142853.htm.

[7] 丁百川. 我国煤矿主要灾害事故特点及防治对策[J]. 煤炭科学技术, 2017, 45(5): 109-114.

[8] 国务院. 能源中长期发展规划纲要(2004-2020)[EB/OL]. [2018-01-19]. http://www.csuaee.com.cn/CMS/news/2011113/n559911000.html.

[9] 中国能源中长期发展战略研究项目组. 中国能源中长期(2030、2050)发展战略研究: 综合卷[M]. 北京: 科学出版社, 2011.

[10] 谢克昌. 中国煤炭清洁高效可持续开发利用战略研究(综合卷)[M]. 北京: 科学出版社, 2014.

[11] Taylor T J. Proofs of subsistence of the firedamp at coal mines in astate of hightension in situ [J]. Trans. N. England Inst. Min. Engrs, 1852-1853, I: 275-299.

[12] Halbaum H W. Discussion of J. Gerrard's paper, "Instantaneous outbursts···"[J].Transactions of the American Institute of Mining Engineers, 1899, (18):258-265.

[13] Telfer W H. Discussion of Rowan's paper on "An outburst of coal and fire-damp at valley field Colliery, newmills, fife"[J].Transactions of the American Institute of Mining Engineers, 1911, (XL2): 274-287.

[14] Loiret J, Laligant G. Reviewof facts and observations regulationsfor mines with outbursts [R]. 1923, 24.

[15] Pescod R.Rock bursts in the western portions of the South Wales coalfield [J]. Transactions of the American Institute of Mining Engineers, 1948, (107): 512-49.

[16] Ettinger I L, Shterenberg L E, Yablokov V S. The relationship between the structures of coal seams and the phenomenon of sudden outbursts [J]. Ugol, 1953, (11): 28-31.

[17] Hargraves A J. Instantaneous outbursts of coal and gas. AusIMM[C], 1958, (186):21-72.

[18] Hargraves A J. Instantaneous outbursts of coal and gas - a review & discussion. Proc. AusIMM, 285[C], 1983, 3: 1-37.

[19] Price N J. A report on the outburst problem in the Gwendraeth Valley [R]. National Coal Board Internal Report, 1959, 1-8.

[20] Szirtes L. Methods used at Pecs Collieries for the prevention of gas outbursts. UN-ECE Sympon Coal & Gas Outbursts[C], Nimes, France, 1964, 11: 135-47.

[21] Pooley F D. Outburst coal: Occurrence in west wales anthracite [J]. Colliery Guardian, 1967, (215): 241-243.

[22] 矶部俊朗. 岩石突出和瓦斯突出的预测和预防. 国外煤和瓦斯突出资料汇编(第二集)[C]. 重庆: 科学技术文献出版社, 1979, 11: 7-18.

[23] 于不凡. 谈煤和瓦斯突出机理[J]. 煤炭科学技术, 1979, (8): 34-42.

[24] Кравцов А И,Вольпова Л С. 在地质勘探阶段按岩心分裂成圆片预测岩石突出危险的可能性. 国外煤和瓦斯突出资料汇编(第二集)[C]. 重庆: 科学技术文献出版社, 1979, 11: 160-162.

[25] 氏平增之. 关于瓦斯突出的研究一地质构造条件和爆破的影响. 国外煤和瓦斯突出资料汇编(第一集)[C]. 重庆:科学技术文献出版社, 1978, 7: 21-27.

[26] 兵库信一郎. 关于煤和瓦斯突出原因的个人看法. 国外煤和瓦斯突出资料汇编(第一集)[C]. 重庆: 科学技术文献出版社, 1978, 7: 56-62.

[27] Öwing K K. 岩层地质构造与瓦斯突出的关系. 国外煤和瓦斯突出资料汇编(第三集)[C]. 重庆: 科学技术文献出版社, 1978, 7: 36-41.

[28] Батугина И М,Петухов И М.Геодинамическое Районирование Месторождений При Проектиров- ании и Эксплуатации Рудников[M].Москва:Недра,1988.

[29] 矢野貞三, 山ハネ. ガス突出の現場の予知法とその制御について(1)、(2)、(3)[J]. 炭鉱技術. 1972: 9-11.

[30] Williams R J, Rogis J. Ananalysis of the geological factors leading to outburst prone conditions at Collinsville, Queensland. Symp. On Occurrence, Prediction & Control of Outbursts in Coal Mines [C], Brisbane, Qld, 1980: 99-100.

[31] 扎比盖洛 B E, 左德. 顿巴斯煤层突出的地质条件[M]. 孙本凯译. 北京: 煤炭工业出版社, 1984.

[32] Shepherd J,Rixon L K,Griffith L. Outbursts and geological structures in coal mines:a review[J]. Int.J.Rock Mech. Min.Sci. &. Geomech.Abstr, 1981, 18 (4): 267-283.

[33] Josien J P, Revalor R. The fight against dynamic phenomena: French coal mines experience. Proc. 23rd Inter. Conf of Safety in Mines Res. Inst[C], Washington D C, 1989,9: 531-40.

[34] Creedy D P. Geological controls on the formation and distribution of gas in british coal measure strata [J]. International Journal of Coal Geology, 1988, 25 (10): 1-31.

[35] Lama R D. Mechanism, control and management of outbursts in Australian coal mines. UN-ECE Symp on Rock Bursts & Sudden Outbursts [C], St. Petersburg, 1994.

[36] Bibler CJ, Marshall J S. Status of worldwide coal mine methane emissions and use [J]. International Journal of Coal Geology, 1998, 35 (1): 283-310.

[37] Frodsham K, Gayer R A. The impact of tectonic deformation upon coal seams in the south wales coalfield [J]. International Journal of Coal Geology, 1999, 38 (3-4): 297-332.

[38] 周世宁, 林柏泉. 煤层瓦斯赋存及流动规律[M]. 北京: 煤炭工业出版社, 1998.

[39] 焦作矿业学院瓦斯地质研究室. 瓦斯地质概论[M]. 北京: 煤炭工业出版社, 1991.

[40] 中国矿业学院瓦斯组. 煤和瓦斯突出的防治[M]. 北京: 煤炭工业出版社, 1979.

[41] 孔留安. "瓦斯地质"探源.[J]. 河南理工大学学报(自然科学版), 2006, 25 (3): 179-182.

[42] 袁崇孚. 构造煤和煤与瓦斯突出[J]. 瓦斯地质, 1985, (创刊号): 45-52.

[43] 彭立世, 陈凯德. 构造煤和煤与瓦斯突出机制[J]. 焦作矿业学院学报, 1988, (3): 23-25.

[44] 彭立世, 陈凯德. 顺层滑动构造与瓦斯突出机制[J]. 焦作矿业学院学报, 1988, (S1): 156-168.

[45] 曹运兴, 彭立世, 候泉林. 顺层剪断层的基本特征及其地质意义[J]. 地质评论, 1993, 39 (6): 522-528.

[46] 曹运兴, 彭立世. 顺煤断层的基本类型及其对瓦斯突出带的控制作用[J]. 煤炭学报, 1995, 20 (4): 413-417.

[47] 康继武, 文朝. 瓦斯突出煤层中构造群落的宏观特征研究——论平顶山东矿区戊(9-10)煤层的构造重建[J]. 应用基础与工程科学学报, 1995, 3 (1): 45-51.

[48] 张子敏, 吕绍林. 中国煤层瓦斯分布特征[M]. 北京: 煤炭工业出版社, 1998.

[49] 张子敏, 高建良. 关于中国煤层瓦斯区域分布的几点认识[J]. 地质科技情报, 1999, 18 (4): 67-70.

[50] 张子敏, 张玉贵. 瓦斯地质规律与瓦斯预测[M]. 北京: 煤炭工业出版社, 2005.

[51] 刘咸卫, 曹运兴. 正断层两盘的瓦斯突出分布特征及其地质成因浅析[J]. 煤炭学报, 2000, 25(6): 571-575.

[52] 琚宜文, 王桂梁. 煤层流变及其与煤矿瓦斯突出的关系—以淮北海孜煤矿为例[J]. 地质论评, 2002, 48(1): 96-105.

[53] 琚宜文, 侯泉林, 姜波, 等. 淮北海孜煤矿断层与层间滑动构造组合型式及其形成机制[J]. 地质科学, 2006, 41(1): 35-43.

[54] 刘明举, 龙威成, 刘彦伟. 构造煤对突出的控制作用及其临界值的探讨[J]. 煤矿安全, 2006, 37(10): 45-46.

[55] 王志荣, 郎东升, 刘士军, 等. 豫西芦店滑动构造区瓦斯地质灾害的构造控制作用[J]. 煤炭学报, 2006, 31(5): 553-557.

[56] 徐刚, 张玉贵, 张子敏. 豫西告成煤矿滑动构造区瓦斯赋存特征[J]. 煤田地质与勘探, 2007, 35(6): 23-26.

[57] 韩军, 张宏伟, 张普田. 推覆构造的动力学特征及其对瓦斯突出的作用机制[J]. 煤炭学报, 2012, 37(2): 247-252.

[58] 谭学术, 鲜学福, 邱贤德. 地质构造应力的分布与煤和瓦斯突出关系的光弹试验研究[J]. 力学与实践, 1986, (2): 37-41.

[59] 徐凤银. 芙蓉矿区古构造应力场及其对煤与瓦斯突出控制的定量化研究[J]. 地质科学, 1995, 30(1): 71-84.

[60] 王恩营. 正断层力学性质的构造应力分析[J]. 河南理工大学学报(自然科学版), 2007, 26(3): 264-266.

[61] 韩军, 梁冰, 张宏伟, 等. 开滦矿区煤岩动力灾害的构造应力环境[J]. 煤炭学报, 2013, 38(7): 1154-1160.

[62] 张浪, 刘永茜. 断层应力状态对煤与瓦斯突出的控制[J]. 岩土工程学报, 2016, 38(4): 712-717.

[63] 张春华, 刘泽功, 刘健, 等. 封闭型地质构造诱发煤与瓦斯突出的力学特性模拟试验[J]. 中国矿业大学学报, 2013, 42(4): 554-559.

[64] 高魁, 刘泽功, 刘健. 地应力在石门揭构造软煤诱发煤与瓦斯突出中的作用[J]. 岩石力学与工程学报, 2015, 34(2): 305-312.

[65] 于不凡. 煤与瓦斯突出机理[M]. 北京: 煤炭工业出版社, 1985.

[66] 梁金火. 矿区地质构造对煤与瓦斯突出地段的控制[J]. 中国煤田地质, 1991, (2): 33-37.

[67] 黄德生. 地质构造控制煤与瓦斯突出的探讨[J]. 地质科学, 1992, (A12): 201-207.

[68] 王生全, 龙荣生, 孙传显. 南桐煤矿扭褶构造的展布规律及对煤与瓦斯突出的控制[J]. 西安科技学院学报, 1994, 14(4): 350-354.

[69] 郭德勇, 韩德馨. 地质构造控制煤和瓦斯突出作用类型研究[J]. 煤炭学报, 1998, 23(4): 337-341.

[70] 郭德勇, 韩德馨, 王新义. 煤与瓦斯突出的构造物理环境及其应用[J]. 北京科技大学学报, 2002, (6): 581-584, 592.

[71] 王生全, 王贵荣, 常青. 褶皱中和面对煤层的控制性研究[J]. 煤田地质与勘探, 2006, 34(4): 16-18.

[72] 韩军, 张宏伟, 霍丙杰. 向斜构造煤与瓦斯突出机理探讨[J]. 煤炭学报, 2008, 33(8): 908-913.

[73] 李火银. 褶皱变形系数在煤与瓦斯突出预测中的应用[J]. 河南地质, 1995, 13(4): 304-308.

[74] 张宏伟, 黄明利. 北票矿区岩体应力状态的数值分析[J]. 阜新矿业学院学报, 1996, 15(3): 257-261.

[75] 张宏伟. 活动断裂研究与矿井动力现象预测[J]. 煤炭学报, 1998, 23(2): 113-118.

[76] 张宏伟, 张建国. 矿井动力现象区域预测研究[J]. 煤炭学报, 1999, 24(4): 383-387.

[77] 张宏伟, 王魁军. 地层结构的应力分区与煤瓦斯突出预测分析[J]. 岩石力学与工程学报, 2000, 19(4): 464-467.

[78] 张宏伟. 地质动力区划方法在煤与瓦斯突出区域预测中的应用[J]. 岩石力学与工程学报, 2003, 22(4): 621-624.

[79] 张宏伟, 李胜. 煤与瓦斯突出危险性的模式识别和概率预测[J]. 岩石力学与工程学报, 2005, 24(19): 3577-3581.

[80] 张宏伟, 韩军, 宋卫华, 等. 地质动力区划[M]. 北京: 煤炭工业出版社, 2009.

[81] 王宏图, 鲜学福, 王昌贤, 等. 四川盆地典型高瓦斯突出矿井瓦斯赋存的地质特征[J]. 煤炭学报, 1999, 24(1): 11-15.

[82] 刘明举, 刘希亮, 何俊. 煤与瓦斯突出分形预测研究[J]. 煤炭学报, 1998, 23(6): 616-619.

[83] 何俊, 袁东升, 刘明举, 等. 煤与瓦斯突出分形区划研究[J]. 煤田地质与勘探, 2000, 28(3): 31-33.

[84] 何俊, 刘明举, 颜爱华. 煤田地质构造与瓦斯突出关系分形研究[J]. 煤炭学报, 2002, 27(6): 623-626.

[85] 何俊, 刘明举, 聂百胜. 井田突出危险性分形预测研究[J]. 河南理工大学学报(自然科学版), 2005, 24(4): 255-258.

[86] 姜波, 李云波, 屈争辉, 等. 瓦斯突出预测构造-地球化学理论与方法初探[J]. 煤炭学报, 2015, 40(6): 1408-1414.

[87] 朱兴珊, 徐凤银. 论构造应力场及其演化对煤和瓦斯突出的主控作用[J]. 煤炭学报, 1994, 19(3): 303-314.

[88] 朱兴珊. 论地质构造及其演化对煤和瓦斯突出的控制——以南桐矿区为例[J]. 中国地质灾害与防治学报, 1997, 8(3): 13-20.

[89] 张子敏, 张玉贵. 平顶山矿区构造演化和对煤与瓦斯突出的控制. 王兆丰, 张子戎, 张子敏. 瓦斯地质研究与应用——中国煤炭学会瓦斯地质专业委员会第三次全国瓦斯地质学术研讨会论文集[C]. 北京: 煤炭工业出版社, 2003: 3-8.

[90] 张子敏, 张玉贵. 新密煤田构造演化及瓦斯地质控制特征研究. 张子戎, 张子敏, 王兆丰. 瓦斯地质与瓦斯防治进展[C]. 北京: 煤炭工业出版社, 2007: 1-8.

[91] 韩军, 张宏伟, 朱志敏, 等. 阜新盆地构造应力场演化对煤与瓦斯突出的控制[J]. 煤炭学报, 2007, 32(9): 934-938.

[92] 韩军, 张宏伟. 构造演化对煤与瓦斯突出的控制作用[J]. 煤炭学报, 2010, 35(7): 1125-1130.

[93] 张子敏, 吴吟. 中国煤矿瓦斯赋存构造逐级控制规律与分区划分[J]. 地学前缘, 2013, 20(2): 37-245.

[94] 姜波, 崔若飞, 杨永国. 矿井瓦斯突出预测构造动力学方法研究现状及展望[J]. 中国煤炭地质, 2014, 26(8): 24-28, 49.

[95] 夏玉成, 侯思科. 中国区域地质学[M]. 徐州: 中国矿业大学出版社, 1996.

[96] 付建华, 程远平. 中国煤矿煤与瓦斯突出现状及防治对策[J]. 采矿与安全工程学报, 2007, 24(3): 253-259.

[97] 国家安全生产监督管理总局, 国家煤矿安全监察局. 煤矿安全技术"专家会诊"资料汇编(上册)[G]. 2005.

[98] 国家安全生产监督管理总局, 国家煤矿安全监察局. 煤矿安全技术"专家会诊"资料汇编(下册)[G]. 2005.

[99] 王英汉, 柯福奎. 西马煤矿煤与瓦斯突出同地质因素的关系. 张子戎, 张子敏, 罗开顺. 瓦斯地质新进展[C]. 郑州: 河南科学技术出版社, 2001, 54-56.

[100] 邵国军, 张玉功. 北票矿区煤与瓦斯突出的防治现状[J]. 煤矿安全, 2001, (3): 9-11.

[101] 蔡成功. 煤与瓦斯突出一般规律定性定量分析研究[J]. 中国安全科学学报, 1997, 14(6): 109-112.

[102] 张光林. 煤与瓦斯突出在地质构造中的分布及其规律探讨[J]. 焦作工学院学报, 1997, 16(4): 60-64.

[103] 李北平. 重庆地区煤与瓦斯突出特征及其地质影响因素分析[J]. 矿业安全与环保, 2007, 34(3): 69-70.

[104] 李成武, 李延超. 煤与瓦斯突出主要影响因素主成分分析[J]. 煤矿安全, 2007, (7): 14-18.

[105] 于不凡. 煤和瓦斯突出与地应力的关系[J]. 工业安全与环保, 1985, (3): 2-6.

[106] 张子戎, 刘高峰, 吕闰生, 等. 基于模糊模式识别的煤与瓦斯突出区域预测[J]. 煤炭学报, 2007, 32(6): 592-595.

[107] Briggs H. Characteristics of outbursts of gas in mines [J]. Trans. Instn. Min. Engrs, 1920, (61): 119-146.

[108] Ettinger I L. Gas outbursts and the structure of coal [R]. Nedra, 1969.

[109] 琚宜文, 姜波, 王桂梁. 层滑构造煤岩体微观特征及其应力应变分析[J]. 地质科学, 2004, 39(1): 50-62, 91.

[110] 曹运兴. 构造煤的动力变质作用及其灾害性[D]. 北京: 北京大学, 1999.

[111] 姜波, 琚宜文. 构造煤结构及其储层物性特征[J]. 天然气工业, 2004, 24(5): 27-29.

[112] 郝吉生, 袁崇孚等. 构造煤及其对煤与瓦斯突出的控制作用[J]. 焦作工学院学报, 2000, 19(6): 403-406.

[113] 张玉贵. 构造煤演化与力化学作用[D]. 太原: 太原理工大学, 2006.

[114] Lama R D. Mechanism, control and management of outbursts in Australian coal mines. UN-ECE Symp On Rock Bursts & Sudden Outbursts[C], St. Petersburg, 1994,BⅢ.

[115] Lama R D. Safegas content threshold valuef or safety against outburstsin the mining of the Bulli seam. Lama. Int. Symp.-cum-Workshop on Management & Control of High Gas Emissions & Outbursts in Underground Coal Mines [C], Wollongong, 1995: 20-24.

[116] 国家发展和改革委员会, 国家能源局. 煤层气(煤矿瓦斯)开发利用"十一五"规划[EB/ON]. [2018-01-18]. http://www.gov.cn/gzdt/2006-06/06/content_301431.htm.

[117] 胡千庭, 蒋时才, 苏文叔. 我国煤矿瓦斯灾害防治对策[J]. 煤矿安全, 2000, 27(1): 1-4.

[118] 申宝宏, 刘见中, 张泓. 我国煤矿瓦斯治理的技术对策[J]. 煤炭学报,2007,(07):673-679.

[119] 吴正. 地貌学导论[M]. 广州: 广东高等教育出版社, 2001.

[120] 马杏垣. 解析构造学[M]. 北京: 地质出版社, 2004.

[121] Batugina I M,Petukhov I M. Geodynamic Zoning of Mineral Deposits for Planning and Exploitation of Mines [M]. New Delhi: Oxford & IBH Publishing Co. Ptv. Ltd, 1988.

[122] Jeffers H. The Earth. 5th ed [M]. New York: Cambridge University Press, 1970.

[123] Savage W Z, Swolfs H S, Powers P S. Gravitational stress in long symmetric ridges and valleys [J]. Int.J.Rock Mech. Min. Sci. &. Geomech. Abstr, 1985, 22(4): 291-302.

[124] Haimson B C. Near-surface and deep hydrofracturing stress measurements in the Waterloo quartzite [J]. Int.J.Rock Mech. Min.Sci. &. Geomech.Abstr, 1990, 17(2): 81-88.

[125] McTigue D F, Mei C C. Gravity-induced stresses near topography of small slope [J]. J.G.R, 1981, 86(B10): 9268-9278.

[126] Liu L, Zoback M D. The effect of topography on the state of stress in the crust: application to the site of the cajon pass scientific drilling project [J]. J.G.R, l992, 97(B4): 5095-5108.

[127] 朱焕春, 陶振宇. 地形地貌与地应力分布的初步分析[J]. 水利电力科技, 1993, 20(1): 29-34.

[128] 陈群策, 毛吉震, 侯砚和. 利用地应力实测数据讨论地形对地应力的影响[J]. 岩石力学与工程学报, 2004, 23(23): 3990-3995.

[129] 王晓春, 聂德新. Ⅴ型河谷地应力研究[J]. 工程地质学报, 2002, 10(2): 146-151.

[130] 谭成轩, 石玲, 孙炜锋, 等. 构造应力面研究[J]. 岩石力学与工程学报, 2004, 23(23): 3970-3978.

[131] 陶波, 伍法权, 郭改梅. 地形对水平岩层自重成因地应力场的影响[J]. 煤田地质与勘探, 2006, 34(1): 34-37.

[132] 白世伟, 李光煜. 二滩水电站坝区岩体应力场研究[J]. 岩石力学与工程学报, 1982, 1(1): 45-56.

[133] 陈洪凯, 唐红梅. 三峡工程永久船闸边坡岩体卸荷特性[J]. 山地研究, 1997, 15(3): 183-186.

[134] 张宁. 岩体初始应力场发育规律研究[D]. 杭州: 浙江大学, 2002.

[135] 易达, 陈胜宏. 地表剥蚀作用对地应力场反演的影响[J]. 岩土力学, 2003, 24(2): 255-261.

[136] Mareschal J C, Kuang J. Intraplate stresses and seismicity: The role of topography and density heterogeneities [J]. Tectonophysics, 1986, 132(1): 153-162.

[137] Assameur D M, Mareschal J C. Stress induced by topography and crustal density heterogeneities: implication for the seismicity of southeastern Canada [J].Tectonophysics, 1995, 241:179-192.

[138] 王敏中, 王炜, 武际可. 弹性力学教程[M]. 北京: 北京大学出版社, 2002.

[139] 韩军, 高照宇, 荣海, 等. 阜新盆地地形对地应力场的影响研究[J]. 安全与环境学报, 2014, 14(3): 62-66.

[140] 彭苏萍, 孟召平. 矿井工程地质理论与实践[M]. 北京: 地质出版社, 2002.

[141] 陈彭年, 陈宏德, 高莉青. 世界地应力实测资料汇编[M]. 北京: 地震出版社, 1990.

[142] Anderson E M. The Dynamics of Faulting and Dyke Formation with Application to Britain [M]. London: Oliver and Boyd, 1951.

[143] 彭向峰, 于双忠. 淮南矿区原岩应力场宏观类型工程地质研究[J]. 中国矿业大学学报, 1998, 27(1): 60-63.

[144] 王沛夫. 由世界应力量测资料探讨不同地体构造区的应力特性[D]. 台湾: 中央大学, 2004.

[145] 梁冰, 李凤仪. 深部开采条件下煤和瓦斯突出机理的研究[J]. 中国科学技术大学学报, 2004, 34(S1): 399-406.

[146] 赵阳升, 胡耀青, 杨栋, 等. 三维应力下吸附作用对煤岩气体渗流规律影响的实验研究[J]. 岩石力学与工程学报, 1999, 18(6): 651-653.

[147] 徐志斌, 王继尧, 云武, 等. 晋中南现代构造应力场的数值模拟研究[J]. 中国矿业大学学报, 1998, 27(1): 13-18.

[148] 傅雪海, 秦勇, 李贵中. 沁水盆地中—南部煤储层渗透率主控因素分析[J]. 煤田地质与勘探, 2001, 29(3): 16-19.

[149] 陈金刚, 张景飞. 构造对高煤级煤储层渗透率的系统控制效应—以沁水盆地为例[J]. 天然气地球科学, 2007, 18(1): 134-136.

[150] 刘焕杰, 秦勇, 桑树勋, 等. 山西南部煤层气地质[M]. 徐州: 中国矿业大学出版社, 1998.

[151] 秦勇, 张德民, 傅雪海, 等. 沁水盆地中—南部现代构造应力场与煤储层物性关系之探讨[J]. 地质论评, 1999, 45(6): 576-583.

[152] 靳钟铭, 赵阳升, 贺军, 等. 含瓦斯煤层力学特性的实验研究[J]. 岩石力学与工程学报, 1991, 10(3): 271-280.

[153] 唐巨鹏, 潘一山, 李成全, 等. 有效应力对煤层气解吸渗流影响试验研究[J]. 岩石力学与工程学报, 2006, 25(8): 1563-1567.

[154] 卢平, 沈兆武, 朱贵旺, 等. 含瓦斯煤的有效应力与力学变形破坏特性[J]. 中国科学技术大学学报, 2001, 31(6): 686-693.

[155] 潘一山, 李忠华, 唐鑫. 阜新矿区深部高瓦斯矿井冲击地压研究[J]. 岩石力学与工程学报, 2005, 24(S1): 5202-5205.

[156] 陈国达. 地洼学说文选[M]. 长沙: 中南工业大学出版社, 1968.

[157] 刘代志. 构造—地貌反差强度初探[J]. 大地构造与成矿学, 1988, 12(1): 77-86.

[158] 韩军, 张宏伟, 宋卫华, 等. 构造凹地煤与瓦斯突出发生机制及其危险性评估[J]. 煤炭学报, 2011, 36(S1): 108-113.

[159] 邓起东. 中国活动构造研究的进展与展望[J]. 地质论评, 2002, 48(2): 168-177.

[160] 邓起东. 活动构造研究的发展. 中国地质学会地质学史专业委员会, 中国地质大学(北京)地质学史研究所. 中国地质学会地质学史专业委员会第25届学术年会论文汇编[C], 北京, 2013: 4-8.

[161] 邓起东, 张培震. 中国活动构造基本特征[J]. 中国科学(D辑), 2002, 32(12): 1020-1030.

[162] 张培震, 邓起东, 张竹琪, 等. 中国大陆的活动断裂、地震灾害及其动力过程[J]. 中国科学: 地球科学, 2013, 43(10): 1607-1620.

[163] 黑龙江省地质矿产局. 黑龙江省区域地质志[M]. 北京: 地质出版社, 1993.

[164] 周连贵. 朝阳—北票断裂的短水准测量[J]. 东北地震研究, 1993, 9(2): 76-81.

[165] 荠东鸿. 中国煤盆地构造[J]. 北京: 地质出版社, 1994.

[166] Ramsay J G, Huber M T. 现代构造地质学方法, 第二卷——褶皱和断裂[M]. 徐树桐译. 北京: 地质出版社, 1991.

[167] 雅罗谢夫斯基 B. 断裂与褶曲构造学[M]. 北京:地震出版社, 1987.

[168] Biot M A. Theory of folding of stratified viscoelastic media and its implications in tectonics and orogenesis [J]. Geological Society of America Bulletin,1961, (72): 1595-1620.

[169] Ramberg H. Selective buckling of composite layers with contrasted rheological properties, a theory for simultaneous formation of several orders of folds [J]. Tectonophysics, 1964, (1): 307-341.

[170] 张铁岗.平顶山矿区煤与瓦斯突出的预测及防治[J]. 煤炭学报, 2001, 26(2): 172-177.

[171] 郭德勇, 韩德馨. 平顶山矿区煤与瓦斯突出点构造物理研究[J]. 煤炭科学技术, 1995, 23(11): 19-22.

[172] 刘彦伟, 潘辉, 刘明举, 等. 鹤壁矿区煤与瓦斯突出规律及其控制因素分析[J]. 煤矿安全, 2006, (12): 13-16.

[173] 汪禄生, 曹运江, 谭西德, 等. 利民煤矿煤与瓦斯突出的地质构造条件研究[J]. 焦作工学院学报(自然科学版), 2002, 21(4): 251-256.

[174] 杨荣丰, 柳祖汉, 杨孟达. 嘉禾袁家矿区浦溪井控制煤与瓦斯突出的地质因素分析[J]. 湖南地质, 2002, (3): 182-185.

[175] 王桂梁. 论中国煤矿中的叠加褶皱[J]. 地学前缘, 1999, (S1): 175-182.

[176] 黄家会, 陈兴祥, 陆国桢. 淮北矿区宿东向斜 8 号煤层瓦斯赋存规律研究[J]. 焦作工学院学报, 1997, 16(2): 41-45.

[177] 陈景达. 板块构造大陆边缘与含油气盆地[M]. 北京: 中国石油大学出版社, 1988.

[178] 朱志澄. 逆冲推覆构造[M]. 武汉: 中国地质大学出版社, 1991.

[179] 马杏垣, 索书田. 论滑覆及岩石圈内多层次滑脱构造[J]. 地质学报, 1984, 58(3):205-213.

[180] 汤锡元, 郭忠铭, 王定一. 鄂尔多斯盆地西部逆冲推覆构造带特征及其演化与油气勘探[J]. 石油与天然气地质, 1988, 9(1): 1-10.

[181] 周克有. 江苏省矿井瓦斯与地质构造关系分析[J]. 焦作工学院学报, 1998, 17(4): 269-271.

[182] 王立民. 苏南推覆构造及其对煤田的控制作用[J]. 煤田地质与勘探, 1986, (4): 24-28.

[183] 杨起, 韩德馨. 中国煤田地质学[M]. 北京: 煤炭工业出版社, 1979.

[184] 罗志立. 龙门山造山带的崛起和四川盆地的形成与演化[M]. 成都: 成都科技大学出版社, 1994.

[185] 刘细元, 钟达洪, 袁建芽, 等. 扬子板块与华南板块对接带萍乡区段构造特征[J]. 地质力学学报, 2004, (4): 372-379.

[186] 李万程. 重力滑动构造的成因类型[J]. 煤田地质与勘探, 1995, (1): 19-24.

[187] Spencer E W. Introduction to the Structure of the Earth[M]. New York: McGraw-Hil, 1988.

[188] 陈焕疆. 要重视开拓大型逆掩断层带的油气新领域——试论苏南逆掩断层带控油[J]. 石油实验地质, 1983, 5(2): 83-93.

[189] Cook N G W, Hoek E, Pretorius J P G, et al. Rock Mechanics applied to the study of rock bursts [J]. Inst. Min. Metall, 1965, 66: 435-528.

[190] 霍多特 B B. 煤与瓦斯突出[M]. 宋士钊, 王佑安译. 北京: 中国工业出版社, 1966.

[191] 朱兴珊. 南桐矿区构造演化及其对煤和瓦斯突出的控制[D]. 徐州: 中国矿业大学, 1993.

[192] 孙岩, 沈修志. 我国断裂构造岩分带型式的研究[J]. 中国科学(B 辑化学生物学农学医学地学), 1986, (2): 195-202.

[193] 刘俊杰. 王营井田地下水与煤层气赋存运移的关系[J]. 煤炭学报, 1998, 23(3): 225-230.

[194] 张岳桥, 赵越, 董树文, 等. 中国东部及邻区早白垩世裂陷盆地构造演化阶段[J]. 地学前缘, 2004, 11(3): 123-133.

[195] 高春文. 三江盆地绥滨坳陷晚中生代构造演化及盆地原型分析[D]. 杭州: 浙江大学, 2007.

[196] 闫剑飞. 平庄盆地煤系沉积体系与层序地层分析[D]. 阜新: 辽宁工程技术大学, 2005.

[197] 吉林省地质矿产局. 吉林省区域地质志[M]. 北京: 地质出版社, 1988.

[198] 程裕淇. 中国区域地质概论[M]. 北京: 地质出版社, 1994.

[199] 单文琅, 宋鸿林, 傅昭仁, 等. 构造变形分析的理论、方法和实践[M]. 武汉: 中国地质大学出版社, 1991.

[200] 舒良树, 吴俊奇, 刘道忠. 徐淮地区推覆构造[J]. 南京大学学报, 1994, 30(4): 639-648.

[201] 赵宗举, 俞广, 朱琰, 等. 中国南方大地构造演化及其对油气的控制[J]. 成都理工大学学报(自然科学版), 2003, 30(2): 155-168.

[202] 王清晨, 蔡立国. 中国南方显生宙大地构造演化简史[J]. 地质学报, 2007, 81(8): 1025-1040.

[203] 张宏伟, 李胜, 袁亮, 等. 潘一矿煤与瓦斯突出危险性模式识别与概率预测[J]. 北京科技大学学报, 2005, 27(4): 399-402.

[204] 丁国瑜. 新构造研究的几点回顾—纪念黄汲清先生诞辰 100 周年[J]. 地质评论, 2004, 50(3): 252-255.

[205] 李祥根. 中国新构造运动概论[M]. 北京: 地震出版社, 2003.

[206] 《中国岩石圈动力学地图集》编委会(马杏垣主编). 中国岩石圈动力学纲要[M]. 北京: 地震出版社, 1987.

[207] 张培震, 王琪, 马宗晋. 中国大陆现今构造运动的 GPS 速度场与活动地块[J]. 地学前缘, 2002, 9(2): 430-438.

[208] 张春山, 张业成, 胡景江, 等. 中国大陆新构造运动与地质灾害时空分布[J]. 地质力学学报, 1999, (3): 21, 84-88.

[209] 张宏伟. 岩体应力状态研究与矿井动力现象预测[D]. 阜新: 辽宁工程技术大学, 1999.

[210] 段克信. 北票矿区地质动力区划[J]. 煤炭学报, 1995, 20(4): 337-341.

[211] 陈学华, 段克信, 陈长华. 地质动力区划与矿井动力现象区域预测[J]. 煤矿开采, 2003, 8(2): 55-57.

[212] 张宏伟. 淮南矿区地质动力区划[M]. 北京: 煤炭工业出版社, 2004.

[213] 黄崇福, 汪培庄. 利用专家经验对活动断裂进行量化的模糊数学模型[J]. 高校应用数学学报, 1992, 17(4): 525-530.

[214] 马瑾, 单新建. 利用遥感技术研究断层现今活动的探索——以玛尼地震前后断层相互作用为例[J]. 地震地质, 2000, 22(3): 210-215.

[215] 朱煌武. 郯庐断裂带地震活动性分析[J]. 减灾与发展, 1998, (3): 16-17.

[216] 郭嗣琮, 陈刚. 信息科学中的软计算方法[M]. 沈阳: 东北大学出版社, 2001.

[217] 詹文欢, 钟建强. 模糊综合评判在活动断裂分级中的应用[J]. 华南地震, 1989, 19(4): 15-21.

[218] 彭祖赠. 模糊数学及其应用[M]. 武汉: 武汉大学出版社, 2002.

[219] 李四光. 地质力学概论[M]. 北京: 科学出版社, 1973.

[220] 闫庆磊. 开平煤田构造特征及其控煤作用研究[D]. 徐州: 中国矿业大学, 2009.

[221] 张存德, 向家翠. 华北地区的现代构造运动[J]. 地震地质, 1990, 12(3): 265-271.

[222] 谢富仁, 陈群策, 崔效锋, 等. 中国大陆地壳应力环境研究[M]. 北京: 地质出版社, 2003.

[223] 谢富仁, 崔效锋, 赵建涛, 等. 中国大陆及邻区现代构造应力场分区[J]. 地球物理学报, 2004, 47(4): 654-662.

[224] 张素欣, 王晓山, 王想. 2010 年 3 月 6 日唐山滦县 ML4.7 地震序列分析[J]. 华北地震科学, 2010, 28(3): 6-9.

[225] 刘义生, 赵少磊. 开平向斜地质构造特征及其对瓦斯赋存的控制[J]. 煤炭学报, 2015, 40(S1): 164-169.

[226] 王睿. 煤层顶底板突水地质力学条件及其危险性研究[D]. 北京: 中国矿业大学(北京), 2011.

[227] 尹涛, 曹凤娟, 张春宇, 等. 关于阜新矿震活动的初步研究[J]. 东北地震研究, 2005, 21(4): 41-46.

[228] 刘志刚. 阜新盆地地质构造之我见(I)[J]. 阜新矿业学院学报, 1988, 7(3): 35-45.

[229] 刘志刚. 阜新盆地地质构造之我见(II)[J]. 阜新矿业学院学报, 1988, 7(4): 52-59.

[230] 刘志刚. 阜新盆地地质力学分析[J]. 地质评论, 1991, 37(6): 529-536.

[231] 王根厚, 张长厚, 王果胜, 等. 辽西地区中生代构造格局及其形成演化[J]. 现代地质, 2001, (1): 1-7.

[232] 万天丰. 中国大地构造学纲要[M]. 北京: 地质出版社, 2004.

[233] 王宇林, 何保, 姜志刚, 等. 平庄盆地地质构造及演化特征[J]. 煤炭学报, 2007, 32(10): 1036-1040.

[234] 王伟锋, 陆诗阔, 孙月平. 辽西地区构造演化与盆地成因类型研究[J]. 地质力学学报, 1997, 3(3): 81-89.

[235] 王桂梁, 马杏垣, 荆惠林, 等. 间歇侧移式的裂陷与递进跳跃式的反转: 以阜新煤盆地为例[J]. 高校地质学报, 1996, 2(3): 284-294.

[236] 刘志刚, 崔洪庆, 孙殿卿. 断裂多期活动及其研究意义[J]. 地质力学学报, 1995, 1(1): 76-82.

[237] 张亚明, 李向树, 宫国清. 阜新铁法聚煤盆地构造特征及演化[J]. 辽宁工程技术大学学报(自然科学版), 2002, 19(1): 35-38.

[238] 朱志敏, 韩军, 路爱平, 等. 阜新盆地白垩系沙海组煤层气系统[J]. 沉积学报, 2008, 26(3): 426-434.

[239] 朱志敏, 闫剑飞, 沈冰, 等. 从"构造热事件"分析阜新盆地多能源矿产共存成藏[J]. 地球科学进展, 2007, 22(5): 468-479.

[240] 王宇林, 赵明鹏, 高占武, 等. 阜新盆地王营井田侵入岩研究[J]. 辽宁工程技术大学学报, 1998, 17(5): 466-471.

[241] 赵明鹏, 王宇林, 梁冰, 等. 煤(岩)与瓦斯突出的地质条件研究: 以阜新王营矿为例[J]. 中国地质灾害与防治学报, 1999, 10(1): 14-19.

[242] 赵明鹏, 刘俊杰, 陈振东, 等. 阜新煤田王营井田煤层气藏生储运特征研究[M]. 北京: 地质出版社, 2000.

编 后 记

　　《博士后文库》(以下简称《文库》)是汇集自然科学领域博士后研究人员优秀学术成果的系列丛书。《文库》致力于打造专属于博士后学术创新的旗舰品牌，营造博士后百花齐放的学术氛围，提升博士后优秀成果的学术和社会影响力。

　　《文库》出版资助工作开展以来，得到了全国博士后管委会办公室、中国博士后科学基金会、中国科学院、科学出版社等有关单位领导的大力支持，众多热心博士后事业的专家学者给予积极的建议，工作人员做了大量艰苦细致的工作。在此，我们一并表示感谢！

《博士后文库》编委会